Grand Nord

GRAND NORD

遥远的北极

〔法〕奥利弗·拉雷 〔法〕托马斯·罗杰 〔法〕玛丽·莱斯克罗 著

冯艺洋 译

SPM 南方传媒 | 广东人民出版社
·广州·

图书在版编目（CIP）数据

遥远的北极 /（法）奥利弗·拉雷，（法）托马斯·罗杰，（法）玛丽·莱斯克罗著；冯艺洋译. — 广州：广东人民出版社，2024.4
书名原文：Grand Nord
ISBN 978-7-218-17018-3

Ⅰ．①遥… Ⅱ．①奥… ②托… ③玛… ④冯… Ⅲ．①北极—普及读物
Ⅳ．① P941.62-49

中国国家版本馆CIP数据核字（2023）第195322号

YAOYUAN DE BEIJI
遥远的北极

［法］奥利弗·拉雷　　［法］托马斯·罗杰　　［法］玛丽·莱斯克罗　著
冯艺洋　译

出 版 人：肖风华

责任编辑：陈泽洪　唐　芸　吴福顺
责任技编：吴彦斌　马　健

出版发行：广东人民出版社
地　　址：广州市越秀区大沙头四马路10号（邮政编码：510199）
电　　话：（020）85716809（总编室）
传　　真：（020）83289585
网　　址：http://www.gdpph.com
印　　刷：北京中科印刷有限公司
开　　本：889毫米 × 1194毫米　　1/16
印　　张：18.25　　字　数：175千
版　　次：2024年4月第1版
印　　次：2024年4月第1次印刷
定　　价：198.00元

如发现印装质量问题，影响阅读，请与出版社（020-87712513）联系调换。
售书热线：（010）59799930-601

献给皮埃尔、保罗和朱尔。

——玛丽·莱斯克罗

献给佐伊、克里斯泰勒、埃列尔和艾丽斯。

——奥利弗·拉雷、托马斯·罗杰

前言

Avant-propos

我们已经在芬兰待了很多天，可到目前为止观测结果还是寥寥无几。在卡累利阿东南部的第 20 天左右，我第一次萌生了拍摄塞马湖环斑海豹的大胆想法。我们有幸得到了芬兰一个科学家团队的帮助，他们对环斑海豹频繁出没的地方比较熟悉，但是这片区域太大了，湖泊连绵长达 500 千米。而鳍足类动物向来独自行动，散布其中。无论遇到何种困难，坐在古老神秘的木船上，在数千座岛屿点缀的湖畔间蜿蜒前行，都必然是一次伟大的冒险。

我们拿着望远镜搜寻可能存在的线索：浮出水面的脑袋，圆溜溜的透明的背……时间如此漫长，等待似乎永无止境。好在芬兰的 6 月足够美好，太阳也舍不得落山。第三天晚上，我们在一座小岛上停下来，决定守株待兔，希望能有一只海豹爬上岩石小憩片刻。由于湖水浑浊，无法进行水下拍摄，此处是我们唯一有可能拍到海豹的地方。这里的岩石高出水面不多，海豹可以很轻松地爬上来。然而几个小时过去了，几天过去了，我们还是只能在它浮出水面呼吸时的短暂几秒钟内，仓促地瞥一眼它的鼻孔……真的太沮丧了！

终于，在某天接近午夜时分，一只海豹向我爬过来。它小心翼翼地检查了那块岩石，终于决定爬上来，而我就在上面等着它。当时我们已经被蚊子搞得精疲力竭，甚至开始感到绝望。而海豹的嗅觉非常灵敏，我们不能喷杀虫剂驱蚊，否则就别想看到它们。几个小时后，黎明终于到来。我的邻居海豹先生还在继续香甜地打着盹。希望它能待到日出！凌晨 3 点刚过，晨光勾勒出它的身影。气氛神奇而微妙，我突然很想问托马斯是否能从他的蹲守点看到这只海豹。然后我按下快门。我忘记了一切，甚至是蚊子。一直到早上 5 点，这只海豹重新回到水中，消失不见。托马斯和我一起检查照片，回忆这一夜在塞马湖上的经历，神奇、感动、快乐交织在一起。

托马斯和我是故交。就是因为这些时刻，我们才选择做职业摄影师。本书所选的图片都是我们在野外记录的美好时刻，没能用相机记录下的时刻同样很多。虽然有些没有留下照片，但这些回忆如同素描中的

> **"我们都知道**
> **北极就在地球的某个角落，**
> **然而它究竟在何方？"**

阴影，在我们的脑海中依旧鲜活。比如在赫尔辛基，一只猞猁从我背上爬过，当时我正蜷缩在逼仄的拍摄隐匿点，只能转过头眼睁睁看着它走掉。托马斯可能会想起冬季在芬兰旅途的第一天，他刚架好设备，就看到远处一匹狼在追捕貂熊，然后在接下来的九天里，他几乎一无所获。自然摄影师这个职业就是教人学会谦逊……

随着旅途的继续，我们拍摄的素材越来越多，原本模糊的计划也逐步清晰起来。我们从一个飘忽的想法开始确立具体的目标：一场展览、一本书……然后就是进行第一轮照片的选择，就像是用音符填充一段美妙的旋律。书页翻动讲述着我们的故事，正是这样宏大的计划激励我们不断向前。

如果只有一张惊艳的照片却没有配任何文字的话，读者通常很难理解，所以我们力图用文字展现照片背后的故事。为了确保表述严谨，也为了能够使文字尽可能贴合经历，我们邀请玛丽为照片配文。每一张照片背后的故事在她的笔下徐徐展开，她能够轻松走进我们的摄影世界，并将这趟探险之旅中一些零碎的故事编织成线。在这项重要工作完成后，她还从本书中总结浓缩出了一些机密的科学信息。

《遥远的北极》这本书是整个团队合作的结晶。我们希望这本书不仅具有艺术感和诗意，也可以带来丰富的知识，同样重要的是唤起大家的环保意识。此书是我们关于泰加林、冻原和神话冰雪国度的记忆。我们希望它也可以给各位读者带来美好的视觉享受。

祝大家旅途愉快！

奥利弗·拉雷

托马斯·罗杰

1 这就是北极

暗夜火狐　2

北极光　2
极限生存　3
动荡的北极　5

在荒野梦想家心中……　33

肉食动物回归　34
空中力量　46

寻觅古木……　49

小型鸟的过冬战略　50
雪域松鸡　54
为爱痴狂　57
随处可见啄木鸟　61
冰下嬉水　65

9 泰加林

在地球上最广袤的森林中　11

野火与自然灾害　16
人人有权享受自然　17
神秘的夜之鸟　19

大雪之下，厚羽为衣……　26

狡黠如渡鸦　26
光头国王　28

游泳健将兼冰雪滑行冠军……　67

季节性伪装服　68
数月小憩　74
淡水中的海豹　77
泥炭沼泽的春天　81

共生　91

早春成群的蚊子　94
家庭观念　98
树木真正的价值　104
新生命的季节　112
花心伴侣，模范母亲　118
向北迁移的森林　126

目录
Sommarie

131 冻原

在植物
生长的边界　133

高度协调的植物社会　137
节约资源与相互合作　142
春日表演　150
不计其数的海鸟　160
可怕的"毛茸茸"　167
人类的足迹　175
削弱我们的存在感　176

北极熊的春天，
鲜明的颜色对比……　189

207 冰

不要让
北极离我们而去……　209

陆地冰与海洋冰　209
早已开拓的海域　216
比外表看起来更灵活　224
冰上生活　229

感受浮冰脉搏的跳动　240

在浮冰的中心……　244

北极熊——北极之王　244
北极熊——一种象征　255

275 致谢

277 物种一览表

这就是北极

暗夜火狐

"无论踏足与否，我们都需要自然。就像避难所，哪怕我们可能永远不会去。就好比我可能永远不会去阿拉斯加，但是一想到阿拉斯加就在某个地方，我就会很安心。我们需要有处可去，就如同我们需要希望。"

——节选自爱德华·艾比《孤独的沙漠》（1968）

有些景色似乎有魔力。听到我们的呼唤，它便能立刻将我们带离日常的琐碎。翻几页讲述西伯利亚的小说，或是在下雨的周末参观有关冰岛的摄影展，我们都能身临其境地感受到自然——每一寸肌肤都能感受到。我们能感受到皮肤的颤抖，仿佛置身于潮湿的微风，风中夹杂着树脂与蘑菇的清香。掀开帐篷带来的冷风让我们微微打战，心跳也随之加速。在这个人满为患、科技发达的世界，任何一小块自然空间都要冠以保护生物多样性之名。亚北极和北极地区大自然的狂野让我们得以喘息，也让我们的灵魂自由呼吸。

北极光

当人们提起北极地区时，首先想到的是风景，广阔的森林、无垠的草原、硕大无边的浮冰；然后是聚居于此的大型动物群落，泰加林区的麋鹿、棕熊和狼，北极冻原的鸟群，以及其他各种动物，包括生活在更靠北的北冰洋中的弓头鲸、白鲸、独角鲸、海象，或者生活在浮冰上的环斑小头海豹、狐狸、北极熊……

北极一词源自古希腊语 arktos（熊），指的是小熊座。这个星座准确地标记出了北极星的位置，指向北方。但是北极的南部边界还有待商榷。大多数地理学家认为北极的边界是北极圈，北冰洋覆盖该地区的三分之二，余下三分之一则是由俄罗斯、加拿大、丹麦、美国和挪威这 5 个国家的北部地区占据。

北极圈位于北纬 66°34'，这是太阳能够在地平线上方停留 24 小时的最低纬度。相对于围绕太阳公转的平面，地球本身是倾斜的，所以北极地区夏季昼长夜短，冬季昼短夜长。而且在地理上的北极点，白天和黑夜的时间都会很长。北极点一年有一半的时间是极昼，另一半的时间就是极夜。而在北极圈上，一年中只有一次机会经历极昼和极夜。

极夜时缺少太阳光照，植物无法进行光合作用。此外，由于某些受光照调节分泌的激素水平下降，北极地区的居民患抑郁症的风险更高。但是作为补偿，北极漫长的黑夜藏着让人叹为观止的极光：巨幅帐幕、云团奇观，或是夜幕波光粼粼的彩带。芬兰人称之为 revontulet，意为"火狐"。据萨米人①的神话所言，北极狐疯狂奔跑，将火花喷射向天空，继而出现这些发光现象。极光大部分是绿色的，偶尔也有紫色、红色或粉红色。事实上，极光是太阳活动形成的，在磁极（距离地理极点几百千米）处，太阳喷出的带电粒子穿过大气层，与各种气体相互作用发出光子，也就是带光的粒子。不同性质的光子呈现出不同的颜色。

夏季，由于白昼时间长，光照亮度强，很难观察到极光。而极夜时，如果天气长时间晴朗，温度就会比较低，极光便宛如天空中的太阳。它轻轻掠过微微凸起的地面，抚摸冰面微小的折痕，天空中发出如梦境般神奇又美妙的光芒——这一切都是北极特有的。或许它会比雄伟的冰山、比北极熊或是白鲸都更能让你永远爱上北极。

极限生存

生态学家们倾向使用气候数据划分北极地区，柯本－苏潘等温线以北地区都属于北极。这条等温线是一年中最热月（7 月）平均气温为 10℃的各地的连接线，在气候分类法中也被用作北极冻原（北极草原）和泰加林（亚北极区的森林）的分隔带。据此定义，地理学家划定的北极国家名单中还应该加上芬兰、瑞典和冰岛，总共 8 个国家。

北极地区的气候总体寒冷且干燥，但各地不尽相同。由于海洋对温度的变化有缓冲作用，北极陆块中间地区温差要高于岛屿和群岛。位于北极圈上的西伯利亚维尔霍扬斯克是世界上最大温差城市的纪录保持者，冬季有记录的最低温达 -67.8℃，夏季最高温 37℃，温差高达 105℃。与夏季无冰的海洋地区相比，

---

① 萨米人：Saamis，亦称"拉普人"（Lapps），"萨米人"是其自称。北欧民族，斯堪的纳维亚原住民，属于蒙古人种和欧罗巴人种的混合类型。——译注（以下无特殊说明均为译注）

位于最北端的陆地和群岛由于永久冰层的覆盖阻碍海水蒸发，当地降水频率极低，降水量也较少。显然，这些气候条件的不同导致地区间生物多样性的差异：陆地上的生物多样性程度较高，越靠近岛屿和地理极点，生物多样性程度越低。事实上，真正限制北极地区植物生长进而阻碍了其他物种出现的原因，并非冬季的严寒，而是夏季的凉爽。

动荡的北极

北极的另一个特点是存在大量永久冻土。这种土层也称永冻层（permafrost），土地常年冻结，有时深度达几百千米。表面薄薄的活动层只在夏季解冻，严重限制植物扎根、根系生长与养分吸收。然而永久冻层的边界正在发生变化，北极也身处变化之中。

持续的全球变暖对高纬度地区的影响尤其严重。这种变化导致的结果就是寒温带的泰加林逐步侵入北极冻原，北极的南部界线正不断北缩。一些地区的永久冻土开始解冻，浮冰也在以惊人的速度融化。有预测表明，到2050年左右，夏季时北半球的浮冰或许会消失。

这种失控的现象着实令人担忧。泰加林会比北极冻原吸收更多的光线，如果泰加林逐渐取代冻原，全球变暖可能加剧。此外，永久冻土的融化会释放温室气体。最终，如果大陆冰川 ① 完全融化，北冰洋在夏季升温将成为必然。

上页图　6月，斯匹次卑尔根岛西海岸。

奥利弗·拉雷　摄

————————

① 　大陆冰川：也称"冰盖"，指覆盖着广大地区的极厚的冰层的陆地面积。

北极海冰[①]面积的缩小已经严重影响当地居民和其他物种的生存。同时，北极也是地缘政治的焦点。一些国家想利用新开辟的公海航道实现亚洲与欧洲之间的快速连通。最重要的是，北极可开采的资源十分诱人。确实，北极地区或许蕴藏着世界上 13% 的石油、13% 的天然气，以及丰富的矿产资源，如银矿、钻石、铀等。此外，这片海洋或许还储存着地球上最丰富的水银。

目前看来，与这些能源本身的价值相比，其开采成本更高。但是几个国家共同开采的话，成本或许会下降。如此一来，对于挪威、加拿大及丹麦这些反对北极资源开发的国家来说，坚持本国立场显得尤为重要。由于北极的生态系统非常脆弱，再加上严峻的气候条件，使得海上活动风险较高。北极气温极低，以人类现有的技术手段可能无法应对类似石油泄漏等污染造成的严重后果。北极 —— 地球上最后一片天然净土，我们梦境中的城堡 —— 正真真切切面临着被污染、被侵犯的威胁。

---

① 海冰：glace de la mer（法）；sea ice（英）。淡水冰晶、"卤水"和含有盐分的气泡混合体，包括来自大陆的淡水冰（冰川和河冰）和由海水直接冻结而成的咸水冰，本书中指后者。

泰加林

在地球上最广袤的森林中

从北纬 50°~70°，泰加林就像一条绿色的围巾环绕着地球。而成千上万的湖泊和沼泽就是这条旧围巾上密密麻麻的虫洞。这种针叶林属于寒温地带性植被，主要分布在亚欧大陆和北美洲。从白令海到挪威海，包括北美洲在内的 3500 千米，泰加林自西向东横跨约 6000 千米，占据了全球森林面积的三分之一，是世界上最大的森林带类型。

对于适应了温暖地区的人们来说，泰加林的景色可能不够惊艳，甚至有些单调。确实，动植物种类少是北方针叶林的一个特点，不同地区的物种几乎都差不多：从加拿大魁北克到中国再到挪威，这一生态系统内的植物大多为同一属，动物种类也都相同，或者是近亲。和其他自然环境相比，如热带雨林，泰加林似乎是一个很简单的生态系统。这种"单调"让它没有那么引人注目，这也是泰加林很少在媒体或文学作品中被提及的原因。

泰加林物种较为单一的原因是其存在时间较短。直到一万年前，芬兰和斯堪的纳维亚半岛的泰加林所在的位置还是一片冰川。融化的冰川为动植物提供了生长的土地。但是，对于这些原始物种来说，一万年还远不够它们进行多样化的演变。同时，冰川的移动磨平了原本起伏的地形，这也不利于新生命形式的出现。不过这种地形能够保证已有物种间的基因交流，避免遗传隔离的出现进而导致物种差异的延续甚至扩大。

但是，只有那些漫不经心的人 —— 在公交车上昏睡，心不在焉地睁开一只眼就又回去见周公的乘客 —— 才会觉得泰加林无聊。掀开针叶林的帷幔才能看到它的真实面貌 —— 泰加林只会向真正用心观察的人展现其如同点彩画[①] 般的美丽，一切都处在微妙的动态变化中：苔藓地毯、浆果灌木丛、蘑菇、树皮、地衣、翱翔的鸟儿、林下灌木丛中的动物发出窸窸窣窣的声响……这难道不是置身精灵王国之中吗？

如果能够找到一片高地，从高处往下看，你会发现泰加林主要有三大景致：森林植被、黄褐色羊毛一般的沼泽和如镜的水面。比如，芬兰东部随处可见的湿地，地形凹陷最初是由冰川缩减造成的，随着最后一个冰河世纪结束，地面的凹陷中充满了冰川融水，也就形成了现在看到的湿地。

上页图　芬兰中部，我在严冬中寻找河乌的身影。

托马斯·罗杰　摄

---

① 　点彩画：法国后期印象画派创作的画。

11

跨页图　这张照片拍摄于库萨莫①地区圆形山脉的顶峰，当地人称这座山为 tunturis。这里的景色让我想起了一群身着白衣的人，默默地走向下方黑暗的树林。

奥利弗·拉雷　摄

下一跨页图　3月的库萨莫，那个晴朗的夜晚仍然是我在芬兰最美好的回忆之一。极光强度非常大，明亮的月光洒满银装素裹的大地。

托马斯·罗杰　摄

————

① 　库萨莫：位于芬兰奥卢省的东北部。

13

由于泰加林土壤贫瘠，水中通常缺乏营养物质，加之恶劣的气候条件，就不难理解为什么相较于温带地区，北极地区的湖泊需要更长的时间才能孕育出植被。

从树种的角度来看，杨树、桦树或柳树等落叶树是最早在北极落地生根的。在遭受火灾、洪灾或虫灾的袭击后，倒伏的树木就像给森林开了"天窗"，为这些落叶树的生长提供了机会。但是针叶树后来居上，很快便取代了落叶树。

云杉、冷杉、松木、落叶松等针叶树非常适应北极高纬度地区。当北极地区冬季结束，漫长的黑夜逐渐变短时，针叶树常绿的叶片就可以开始进行光合作用了。圆锥状的挺拔树形和较强的柔韧性都能提升针叶树的承重能力，防止积雪过重导致树枝折断。当温度过低时，这些树可以进入休眠状态。它们的根通常扎得比较浅，正好可以充分利用泰加林稀薄的土壤。冬季水结冰，所有的植物都必须储水，针叶树窄小且光滑的针形叶片有助于限制植物的蒸腾作用。得益于深绿几近黑色的叶片，针叶树可以充分利用哪怕是最微弱的阳光，在其附近创造一个比周围环境更温暖的小气候[①]。

茂密的针叶林生长在厚厚的苔藓层和欧洲越橘灌木丛之中；喜干燥的泰加林多见于岩石或沙地，挺立在浓密的地衣或是稀疏的松木之中；沼泽森林则分布在山脚、洼地及不透水的土壤中……这片森林仍处在不断变化之中。

野火与自然灾害

如果说泰加林是一场大型交响乐，那么自然灾害也是其中一个乐章。夏天，覆盖着地面的针叶和泥炭沼泽（指土壤剖面发育有泥炭层的沼泽地，包含由植物残骸堆积而成的海绵状、浅色或黑色的可燃物）中的干枯植物很容易着火，频繁的火灾经常会毁掉大片森林区域。如若没有人为干预，这种火灾每35～120年就会重复一次，生态系统在如此短时间内还不足以老化。因此，火灾也是泰加林自然运转的一部分：燃烧释放出枯枝落叶中所含的养分，供植物进一步利用。火灾造成森林上方的"天窗"也可以透过更多的阳光，进而促进地面上幼苗的生长和森林的自我更新。

火灾不仅影响植物的生长过程，而且会更加深刻彻底地影响森林的整体景观。经历过火灾后，土地上没有任何的阴影遮挡，也没有残枝枯叶形成隔热层，春天

① 　小气候：通常是指仅限于非常小的地理区域的气候条件，与该区域所在地区的一般气候明显不同。

时地面升温也会更快。在最北端的地区，永久冻土的融化甚至会导致土地下沉，形成热融洼地，也就是"热喀斯特"，洼地中充满水后就变成了泥炭沼泽。病虫害暴发也十分频繁，首当其冲的就是老树，幼芽因此有了生存发展的空间。

其他物种也可以从自然灾害中获益。因风暴、雪压或干枯而倒下的树木给棕熊喜欢吃的蔓越莓（越橘属植物）提供了繁荣生长的沃土。羊肚菌也对这种土地情有独钟。不少甲虫在烧毁的树木上安家，而甲虫幼虫又变成了某些食虫性鸟类（比如啄木鸟）的饕餮盛宴。

火灾之后首先出现的是生命周期较短的草本植物，如柳叶菜；然后是可以耐受灰烬碱性的苔藓；再之后是以桦树和杨树为主的阔叶树。短短几年内，被烧毁的地区就重新被灌木丛覆盖，成为驼鹿、驯鹿、雪兔等众多食草动物的觅食地。这些动物吃掉落叶树的叶子后，针叶树再次出现。但是，经历如此一番灾难之后，泰加林需要30~40年的时间才能彻底恢复。

泰加林就是以这样一种连续再生的"马赛克"形式循环往复地出现，在用心观察它的人们耳边低声诉说着这片土地的历史。

人人有权享受自然

其实，森林的受益者不只有动物。瑞典、挪威和芬兰有一项源自中世纪的习惯法 —— 包括外国人在内，所有游客都可以享用原生态空间和自然资源，私人领土也不例外。野外露营、扎帐篷、生篝火、钓鱼、航海、在溪流中洗澡（当然，得用可生物降解的肥皂！）、采摘浆果、蘑菇或野花……所有这些都不需要任何批准或授权。

瑞典人称之为 allemansätt，挪威语中是 allemannsretten，在芬兰语中则是 jokamiehenoikeus。这些术语都可翻译为"每个人的权利"。无论是在哪个国家，这个概念都起源于相同的哲学理念：只要没有侵犯到他人的权利，就可以自由地享受自然。但是这种自由也是建立在一定的规则之上的，严厉禁止以下行为：过于靠近私人住所而打扰其正常生活、在同一地点露营超过一晚、未经批准在私人区域行驶机动车辆……另外，先到之人有优先使用权。当你碰上一群驼鹿猎人时，记住这点尤为重要。最后，农田不属于上述区域。

神秘的夜之鸟

一团羽毛从云杉的枝头滑落。它展开宽大的羽翼，在树林间悄无声息地滑行。黑色的山羊胡，金色的双眼间点缀着两抹白色弯钩。这副条纹面具让大灰猫头鹰[①]看起来宛如森林深处的神秘巫师。它高速的飞行充满力量又十分平稳，有着惊人的控制力：面对森林中如此多的障碍，大灰猫头鹰收拢一侧翅膀，抬起另一侧，却丝毫不减速。

它飞到森林的空地之上，会在空中盘旋几十米后再稳定下来 —— 它需要几秒钟来调整方向。完美藏匿在雪地之下的猎物还未感到被捕的疼痛就已经腾空起飞。这是旅鼠的第一次飞行旅程，也是最后一次。

就像童话书中戴眼镜的猫头鹰先生一样，大灰猫头鹰视力很差。但是凭借敏锐的听力，它能够感知雪下 50 厘米处小型啮齿动物的活动。完美的抛物线形羽毛可以进一步放大声音并传至耳道。大灰猫头鹰甚至可以改变羽毛形状，将它变成一个定向天线，只接收从特定位置发出的声音。

欧洲泰加林聚集着很多夜行猛禽：大灰猫头鹰和鹰鸮是最典型的两种，几乎是当地自然环境中特有的。除纵纹腹小鸮和西红角鸮之外，欧洲大陆所有其他种类的猫头鹰也都在这里生活，共有 10 种。其中大部分以小型哺乳动物 —— 田鼠、旅鼠和鼩鼱为食。而对于大灰猫头鹰来说，这些哺乳动物几乎是它们唯一的食物。

---

① 　大灰猫头鹰：学名乌林鸮，又名"拉普兰猫头鹰"。

跨页图 在芬兰和瑞典的边境，一只大灰猫头鹰陪伴了我很多天。在一个美丽的冬日，我有机会逆光拍下它的身影。这个角度下，它的眼神更显深邃，直击人心。

托马斯·罗杰 摄

21

跨页图 我见到长尾林鸮的次数屈指可数，但是我确信我肯定有很多次经过它身边却毫无察觉。长尾林鸮让我着迷的不仅是其栖息时的谨慎隐蔽，还有它在林中飞行时的矫健敏捷。

托马斯·罗杰 摄

23

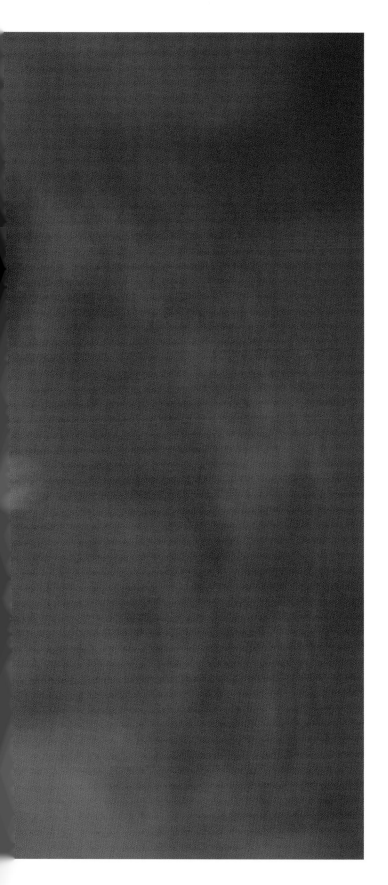

跨页图　尽管长尾林鸮体型较大，但是在森林中真的很难找到它们。无论是栖息在树枝上还是靠在树干上，它们都能与背景融为一体。这只长尾林鸮从这里飞走，落在稍远的地方，但我已经看不到它了。

托马斯·罗杰　摄

亚北极和北极生态系统中，啮齿类动物的数量波动能相差一千倍，原因目前尚不知晓。啮齿类动物数量较多时，狐狸、猫头鹰、昼行猛禽等肉食动物便能在这一年大饱口福。来年开春，又产下许多幼崽。然而后代数量增长的结果就是猎物短缺。为了寻找食物，猫头鹰们除了扩大领地别无选择。雌鸟和幼鸟由于没有能力保卫自己的领地便向南迁移，因为那里的竞争者较少，所以更容易谋得容身之地。但是由于食物资源匮乏，这些"背井离乡"的鸟儿很少能挨过冬季，有能力繁殖下一代的更是微乎其微。捕食者数量锐减给了啮齿类动物喘息繁衍的机会，由此开始下一个循环。最终，捕食者数量的波动趋势与猎物趋同，但会存在一年的滞后期。

在食谷鸟类中也有同样的现象。有时红交嘴雀或太平鸟会在冬季集体南迁至北极圈附近的纬度带，甚至到地中海沿岸。与猛禽一样，谷食鸟类也会在食物丰富的季节之后迎来繁育高峰，以至于几周之内就耗尽了原本要维持整个冬季的松子和水果储备，只能向南迁移。

乍一看，大灰猫头鹰比它的猎物大得多。但其实这只是一种表面的错觉。厚厚的羽毛之下，它的实际体型要比看起来小得多。所以，大灰猫头鹰出色的飞行能力主要依托于极强的升力。

当温度较低时，大灰猫头鹰会将自己的羽毛变得更加蓬松来增强保暖性。有时它也会直接用雪做被子。它可以一动不动待上几个小时，只有打战的时候会抖动一下，更别提移动位置了。大灰猫头鹰还很注重梳妆打扮，时常用喙梳理自己华丽的羽毛，夏季在水中梳洗，冬季则在雪中沐浴。

狡黠如渡鸦

很少有动物有勇气留在泰加林过冬，因为几乎没有多少物种能熬过泰加林的寒冬。与猫头鹰一样，渡鸦[①]也是这些勇士之一。它们行动灵活，而且社交技能超群。依靠这些优势，渡鸦才能在泰加林寒冷的冬季中存活下来。

[①] 渡鸦：全身黑色的大型雀形目鸦属鸟类，主要分布于北半球，体型比乌鸦大。集群性强，常结群营巢。

下页图 2015年3月，蹲守的第4天。我在等待狼群的到来，但到目前为止它们还没有任何出现的迹象。渡鸦却常伴我身旁。我观察它们越久，灵感就越发强烈。在无休无止的漫天大雪中，我拍下了它们美丽的侧影。

奥利弗·拉雷 摄

夏季时渡鸦通常散居，只有幼鸟会群居，成年渡鸦则出双入对，对伴侣十分忠诚。它们一边保卫自己的领地，一边共同承担抚养后代的责任。而到了冬季，渡鸦就会表现出超常的合作意识，不分年龄、性别地聚居在一起。这种合作的优秀品质最明显的体现就是食物共享，发现动物尸体的渡鸦会呼唤同伴一起分享。如果腐肉过硬，渡鸦甚至会召唤狼群来帮助它们。如果碰巧渡鸦和狼群盯上了同一盘盛宴，比如驼鹿或是狍子，有时胆子大一些的渡鸦会从狼的饭碗中抢走一块肉。但是渡鸦欺软怕硬，它们会小心翼翼地避开狼群首领，只从某个下属狼那"横刀夺肉"。

渡鸦虽顽皮，却善于解决问题并且终身学习。这种大黑鸟在美洲原住民的宗教中有着很重要的地位。不同部落之间关于渡鸦的传说各不相同，有的部落把它当作专做恶作剧的精灵，有的部落把它奉为拯救世界甚至是创造世界之神。渡鸦同时也是育空地区（加拿大一块几乎完全被北方森林覆盖的领土）的象征。

光头国王

短小的脖子，修长的四肢，硕大的身躯，颈下蓄着一撮鬃毛，滑稽的脸庞上挂着晃动的上唇……如果你有幸遇到驼鹿[①]，绝对能一眼认出它 —— 世界上最大的鹿科动物。即使是秋季鹿角脱落，也不会把雌雄性的驼鹿搞混。雌雄驼鹿的外形差异显著：雄性肩高大于雌性肩高。随着气候变暖，驼鹿的活动范围正不断北移。夏季，驼鹿会以树叶、嫩枝和草为食，还会潜至水下采食一些水生植物。潜水其实也是一种避免昆虫叮咬和热浪侵袭的方式 —— 对驼鹿来说，酷热比严寒更难耐。

到了冬天，驼鹿就只能吃一些树枝，甚至是啃树皮，不过它们更青睐落叶树 —— 柳树、白杨、桦树、枫树、花楸、桤木等，有的时候连石楠花、地衣和针叶树也不挑剔了。为了节约能量，驼鹿也会减少活动量。

下页图　泰加林里没有一丝声音。麻雀也回到了最高的树枝上。夜幕降临，一切都被天空的画笔涂抹成了蓝色，每分钟都会加深一度。一只驼鹿在林间安静地踱步，安详地望向我。

托马斯·罗杰　摄

---

① 驼鹿：典型的亚寒带针叶林食草动物，多分布于欧亚大陆北部和北美洲北部。

跨页图　多年来，我一直希望有机会在冬季的气氛中拍摄驼鹿。这只驼鹿出现在芬兰拉普兰的中心，离挪威边境不远。驼鹿在此过冬，这里遍布小树与灌木，环境恶劣，天敌较别处也更少。

托马斯·罗杰　摄

上图 在芬兰拉普兰拍下
的褐头山雀。

奥利弗·拉雷 摄

在荒野梦想家的心中，驼鹿蹼状的鹿角总会与枫叶和小木屋联系在一起。第一年秋天，雄性驼鹿只会在额头上形成一个不显眼的凸起。之后的几年它们逐渐长出鹿茸的样子。长成鹿角独特的外形需要好几年的时间，长到最大（约1.8米）则还需很多年。8岁左右的驼鹿正值壮年，鹿角发育至巅峰状态，繁殖能力也最佳。此后鹿角便会逐渐退化。

夏季食物丰富，驼鹿能否活过冬季、来年能否繁殖成功都取决于夏季储备的脂肪。积雪过厚而导致的食物不足是造成驼鹿营养不良的原因之一。因此，活动在最北端地区的驼鹿可能会长途跋涉，寻找积雪较少且更容易获得食物的地方。驼鹿的角化蹄和后外侧狼爪（残留指）提供了一个很大的支撑面，类似雪鞋，可以确保它们不会陷入雪地中。但是，在阿拉斯加进行的一些研究表明，不同性别的驼鹿对生存环境的需求不尽相同。如果遇上了寒冬，所有驼鹿都会向积雪更薄的低纬度地区迁移。然而，在这种情况下，喜爱独居的雄性驼鹿会优先选择河流沿岸，而携带幼崽的雌性驼鹿则会出于谨慎仍然选择留在森林的中心地带。

在荒野梦想家心中……

下图　冬季降临时，大多数鸟类都会离开泰加林，此时若有若无的鸟鸣声引起了我的注意。一群白腰朱顶雀就在我附近的树枝上鸣叫，明艳的身影点亮了枝叶。

托马斯·罗杰　摄

下页图　全球变暖的影响在芬兰已经十分明显。然而在 2018 年，冬天迟迟不肯离开。3 月，这只熊刚刚从洞中爬出来，在厚厚的积雪中漫步。

奥利弗·拉雷　摄

肉食动物回归

　　这些生活在北欧的驼鹿并不怎么惧怕熊。在瑞典进行的一项研究显示，驼鹿的死因仅有 1% 归咎于熊的袭击。成年公熊是唯一敢于攻击驼鹿的 —— 而且只敢袭击雌性或一岁以下的驼鹿幼崽。事实上，驼鹿用来保护自己的撒手锏就是它们的长腿。驼鹿的腿部关节非常灵活，能给敌人狠狠一击。

　　但是，相比于熊，驼鹿对狼的恐惧要多得多。狼捕获的所有猎物中有四分之一是驼鹿 —— 占据了它们每年一半以上的肉食来源。在芬诺斯堪底亚（Fennoscandie）[①]，狼对驼鹿的捕食率远高于北美，主要是因为北欧的驼鹿在狼面前过于掉以轻心。狼群在这片土地上已经消失了 20 年之久，以至于身为猎物的驼鹿已经忘记面对天敌时要保持警惕。

　　狼群以家庭为集体生活，一般由一对狼王夫妇和它们的后代组成，有 2~9 个成员。狼群的社会组织比较灵活，家族成员可以根据情况暂时分开。猎物充足时，成员可以单独行动。但是到了冬天，食物稀缺且分散，捕猎时间延长，有时还需要狼群合作捕猎 —— 为了找到一块猎物充足的土地，以便有机会一击致命，狼可能需要跋涉数百千米。

---

① 　Fennoscandie：芬诺斯堪底亚，北欧的一个地区，包括芬兰、斯堪的纳维亚半岛、卡累利阿和科拉半岛。

跨页图 这张照片是我所有观察棕熊的经历中最美好的见证之一。虽已是5月，但仍能感觉出倒春寒。冬天泰加林中是看不到熊的——它们在冬眠。大雪让这张照片显得有些失调。

托马斯·罗杰 摄

20 世纪 60 年代，狼在芬诺斯堪底亚地区几乎灭绝。80 年代末，它们才又重新占领了芬兰－俄罗斯边境的部分栖息地。现在芬兰大约有 200 只狼，瑞典有 300 只左右，挪威仅有不到 40 只。在挪威，狼的战争从未停止。这些狼都来自几只相同的祖先，近亲繁殖存在很大的问题。这也解释了为什么每窝狼幼崽的数量都很少，以及存在许多骨骼畸形的案例。

貂熊属于长毛狼还是短腿熊？都不是，貂熊是鼬科一种行动谨慎且高效的肉食性动物，是獾、石貂和鼬的表亲。19 世纪中叶，整个芬诺斯堪底亚地区、爱沙尼亚、立陶宛和波兰北部都有貂熊的踪迹。它的长爪、惊人的力量和残忍的名声却成了人们无情猎杀它的借口，猎人则是为了获得貂熊特殊的皮毛 —— 貂熊的皮毛厚实有光泽，且保暖性极强。因此貂熊在各地的种群数量急剧下降，直到 20 世纪 70 年代出台了第一批保护措施，貂熊的数量才开始逐渐增加。只要你足够细心和谨慎，便可以在挪威、瑞典和芬兰的森林中再次发现它的踪迹。

貂熊在魁北克省也叫作狼獾，它们不冬眠，整个冬天都在其领地内游荡，寻觅肉食佳肴。除了深雪中，它们也在树下建立巢穴。貂熊会寻找远离人类的地方，这无疑是被人类曾经的所作所为伤透了心。

上页图　几天来，我一直待在蹲守点，等待貂熊出现。但是它们太罕见了，我大部分时间都在观察那些在水边活动的鸟。突然间，所有声音都消失了，所有的鸟都不见了，原来是一只苍鹰不请自来。

奥利弗·拉雷　摄

貂熊是独居动物，每一只貂熊都会保卫一大片属于自己的地盘，防御其他同性同类入侵。美国人也叫它臭鼬熊（skunk bear），因为它会用强烈的气味来标记自己的食物和领地。貂熊把粪便、尿液或麝香（一种由其肛周腺体产生的脂类分泌物）留在裸露的石头、树桩和任何可以增强这种气味的标志物上。

貂熊既不是昼伏夜出，也不是夜伏昼出。它们的活动时间很灵活，3~4 个小时的清醒期与休息期轮番交替。貂熊趁着清醒期捕食活动，休息期间则会缩回自己领地的洞穴中。貂熊能够爬上低矮的树枝逼出猎物或掩护自己。捕猎时，它似乎不知疲倦，可以不间断地奔走 70 千米。它们通常捕食啮齿类动物或鸟类，但冬季更喜欢野兔、雷鸟、松鸡、狐狸、驯鹿及驼鹿的尸体。它们还会袭击那些原本疾病缠身，又因积雪过重而难以前进的大型蹄类动物。貂熊会伺机而动，在猎物失误的一瞬间趁机抓住它的后颈或喉咙，勒到猎物窒息而死。夏季，貂熊的餐盘中又有了新品种：鱼、其他鸟类（包括鸟蛋或雏鸟）、浆果、无脊椎动物和植物根茎。食物富足时，它们会在雪窝、冰窟、石头或树枝上建立一个名副其实的"储藏室"，同时还不忘用自己的气味做个标记。

貂熊既是捕食者又是分解者，它们还会根据其他食肉动物的捕食行为来调整自己的饮食。在瑞典进行的一项科学研究表明，当貂熊与狼共处同一领地时，驼鹿是它们的主要肉食来源，而狼有时会留给它们一些动物尸体。其他不冬眠的大型昼出猛禽，如金雕和白尾海雕，以及其他一些肉食动物，如赤狐和猞猁，也会从狼留下的食物中分一杯羹，然而它们看到貂熊就会逃走。事实证明，某些地区狼和熊的消失，并不利于貂熊和其他偶尔以腐肉为食的动物生存。

下页图 2018 年 3 月，我又回来了。我知道这里有很多貂熊。70 厘米厚的积雪可以说是意外之喜，我有机会在冬天的氛围中拍摄一些漂亮的照片，动物此时比隆冬时节更加活跃。

奥利弗·拉雷 摄

下一跨页图 大灰猫头鹰，芬兰。

奥利弗·拉雷 摄

下图 2014年3月，芬兰中部的气温仍在零度以下，黑琴鸡已经展开求偶的比拼了。我在帆布质的掩体帐篷中静静等待第一缕阳光出现，好记录下这两种雄性黑琴鸡战斗的场景。它们的位置微微逆光，所有的羽毛都镀上了金边。

托马斯·罗杰 摄

上图　看到这张照片时，我的记忆又
回到了泰加林。我看着这只大灰猫
头鹰无声飞过，它那勾人的目光……
我永远不会厌倦。

　　　　托马斯·罗杰　摄

空中力量

白尾海雕和金雕是欧洲最大的两种昼间猛禽，在北方森林中的数量正在逐步恢复。18世纪以来，这些巨大的猛禽因为捕食人类和牲畜而被贴上了恐怖的标签，一直遭受人类的捕杀。20世纪末，它们又成了某些化工污染物和有机氯杀虫剂（如DDT）的受害者。这些污染物沿着食物链汇集在位于食物链顶端的动物体内。

白尾海雕和金雕这两个物种在形体和外观上都很相似，但从理论上讲，二者的生态位[1]并不相同。金雕是山区的常客，而白尾海雕是捕鱼翁，也会用小型哺乳动物、鸟类、爬行动物、两栖动物和昆虫来改善伙食。金雕与狼、熊、猞猁、貂熊一样，是驯鹿的天敌，虽然没有明确的迁徙性，但一些金雕经常跟随驯鹿群的足迹进行季节性旅行。而白尾海雕则一年四季都在开阔的水域捕食鱼类，为了躲避霜冻会进行迁徙。

不过白尾海雕和金雕都在悬崖边筑巢，在没有悬崖时，古木也是不错的备选。另一个相似点是它们都在冬季食腐肉。在芬诺斯堪底亚，白尾海雕和金雕一旦筑巢安家并开始喂养幼鸟后，往往全年都不再迁徙。有时它们会互相争夺同一具动物尸体。那真是令人惊叹的壮观场景！

下页图　冬末的拉普兰，我在厚冰湖面上的一个掩体中等待白尾海雕的出现。一群乌鸦为争夺鱼肉残渣打斗不休，我打赌白尾海雕一定会好奇这些乌鸦的打斗。果然，它滑翔而来，就降落在50米之外。我按下了快门。

奥利弗·拉雷　摄

---

[1]　生态位：又称生态龛，是指一个种群在生态系统中，在时间空间上所占据的位置及其与相关种群之间的功能关系和作用，也指该生物所属种群存活所必需的条件总和。

寻觅古木……

上页图　这一对金雕几年来一直生活在库萨莫地区的一个小峡谷附近。它们像恋人一样一起行动，互相照应。在这张照片中，金雕先生望向伴侣的眼神中似乎充满了柔情。

托马斯·罗杰　摄

小型鸟的过冬战略

泰加林下雪的日子里，山雀、林莺和其他轻量级小鸟经常打破雪地中的宁静：不同的鸟儿们一起在林中旋转飞舞，像轻巧的手帕一样降落，啄走灌木最后一颗果实、吃掉松树最后的种子……动物生态学家将这种现象称为"混群觅食"。根据雀形目鸟类个体和物种相互之间的攻击性，此类混合群内部有着严格的等级制。混群觅食既可以提高效率，又能降低被捕食的风险。

零下30℃的低温，食物匮乏，白昼时间短，种种因素加大了觅食的难度。而体重仅约10克的小型鸟儿能生存下来，简直是个奇迹！为了确保这一奇迹能每天上演，在泰加林过冬的雀形目鸟类采取了一系列互补策略：像叶片一样持续颤动进行自身产热；为了节约维持体温需要的能量消耗，在夜晚进入低温状态；展开双翼平躺在地上，一边呼吸北极的新鲜空气，一边享受舒适的日光浴。

下页图 小凤头山雀四海为家，是不折不扣的世界主义者。我在法国南部的花园里见过它，隆冬时节又在拉普兰的深处与它相逢。

托马斯·罗杰 摄

跨页图　冬天，雪鹀成群结队，很容易被发现。我步行跟踪着它们：它们不时起飞，又降落到雪被风吹散的地方，在这些地方可以吃到植物种子。而我便能趁它们啄食之际给它们来一张写真。

奥利弗·拉雷　摄

下页图　这是我唯一一次在没有任何掩体遮蔽的情况下，如此近距离地拍到松鸡。这只鸟就是所谓的"疯狂"公鸡。异常高的睾酮水平让它非常自信，甚至有点咄咄逼人。这次我有机会给它的羽毛来一个细节特写，拍出羽毛中的灰色调。

奥利弗·拉雷　摄

雪域松鸡

　　与前面那些勇敢的小家伙不一样，松鸡也称西方松鸡，在冬季的大部分时间都会躲藏起来。而它们保持隐蔽的理由也很充分：松鸡科的鸟类——松鸡、花尾榛鸡以及雷鸟占据泰加林区肉食动物猎物的六成，其中四分之三都是松鸡，要知道它可是最肥美多汁的猎物！所以松鸡对一切都很警惕，连自己的同类也时刻提防。而且松鸡也知道，对饥肠辘辘的貂熊、狐狸或貂鼠来说，众多松鸡聚集在一起时更吊它们的胃口。

　　因此，松鸡每天就静静地"坐"在欧洲赤松或云杉的树枝上一动不动，树上的棘刺、嫩枝和嫩芽几乎成了它唯一的食物来源。静止不动不仅可以发挥"隐身"技能，同时也可以节省能量。毕竟这种极简饮食很难满足它们的能量需求。为了保持4千克的体重，松鸡必须大量摄入这些营养价值低而鞣酸含量高的食物。松鸡的盲肠发达，而且其中布满了细菌菌群，得益于此，松鸡可以从这些食物中提取自身需要的精华部分。而家养松鸡难以在野外生存的很大原因就是它们体内的微生物群发生了变化。

　　松鸡偶尔会走下栖息的树枝，迈大步走向茂密的植被。然后选择开阔区域旁边的灌木丛作为藏身之处，这样既能避开捕食者的视线，又能在察觉到危险降临时迅速起飞。

　　从2月开始，荷尔蒙的分泌让松鸡行动更加大胆，下地探索也变得更加频繁。它们首先会探索没有积雪的区域，收集树叶、花朵、蓝莓、越橘或柳树的柔荑花序。极为偶尔的情况下，松鸡还会食用昆虫、蜘蛛、蛞蝓等小动物。随着求偶季临近，松鸡的能量需求（也就是蛋白质需求）也随之激增。很快，它就会抛下所有的小心翼翼。

为爱痴狂

　　繁殖季从 3 月就开始了。冬天还没有结束，松鸡就已经蓄势待发。对于博物学家来说，一直以来这都是最佳观察时机。为了吸引雌性，雄性松鸡聚集在唱歌的"舞台"，这些地方通常是在火灾、暴风雨或是森林砍伐之后形成的开阔地带，达数公顷之广。每块领地父子相传，雄性松鸡始终守卫着自己几十平方米的一方领土。天亮前一小时，雄性追求者们扇动着巨大的翅膀从树上落下，在自己的位置站定，准备开始表演。它们步伐坚定，昂首挺胸，胡须耸立，大展尾羽……一边迈步一边发出奇怪的嘟哝声，然后是强有力的声响，让人想到开酒瓶时软木塞的声音。松鸡算不上嗓门大的鸟儿，几只麻雀的啁啾声就足以盖过这大块头的声音！只听几声尖叫……局势愈发紧张……兴奋到情难自已，松鸡便一跃而起。翅膀的拍打声又盖过了它的啼鸣。有时两只松鸡会单挑，它们踩着夸张的舞步相互靠近，所有的羽毛都竖起来，"喙"打脚踢。

　　雌性松鸡虽然在一旁默默观望，但决定着雄性激烈争战的最终胜负。选定了心中的胜者，雌性松鸡便会主动上前与之交配。交配完成后，就会离开竞技场，寻找筑巢之处。而雄性松鸡则留在赛场，继续等待新配偶抛出橄榄枝。

　　据估计，芬兰有 30 万对松鸡，瑞典有 11 万对，挪威有 10 万对，俄罗斯也有几十万对。大部分种群集中在泰加林地区，但也有少量种群分布在汝拉山脉 ①、孚日山脉 ②、萨瓦省 ③ 和比利牛斯山脉 ④，以及瑞士和西班牙。松鸡的表亲黑琴鸡体型更小，而歌喉却更出色，求偶表演也更奔放热烈，甚至会出现真正的"斗鸡"！它们在空旷的地方一展歌喉，没有任何东西阻碍它们的行动或能见度。芬兰冰冻的湖泊表面就非常合适，有 35 万～ 50 万对黑琴鸡生活在此。

上页图　和我一样痴迷于原生态森林的人都对松鸡情有独钟。它可以算得上是泰加林最具象征性的物种之一。费迪南·冯·赖特（1822—1906）的画作《战斗的松鸡》在赫尔辛基的芬兰国家美术馆出展，是芬兰艺术史上副本最多的作品。

奥利弗·拉雷　摄

---

① 　汝拉山脉：位于法国和瑞士边境、阿尔卑斯山的西北部。
② 　孚日山脉：法国东北部中型山脉，划分洛林高原与阿尔萨斯平原。
③ 　萨瓦省：法国东部省份，属罗讷－阿尔卑斯大区所辖。
④ 　比利牛斯山脉：欧洲西南部山脉，法国与西班牙两国界山。

上图　无论远望还是近观，大灰猫头鹰都有一种独特的美。这个镜头绝妙地突出了它面部细小的同心纹路，围绕眼睛，一直延伸到面部圆盘边缘。这只猫头鹰刚刚跳进雪地里，鼻尖上还带着雪末。

托马斯·罗杰　摄

上图　我有时喜欢玩"我拍你猜"的游戏。从后面看，这只松鸡被自己车轮一般的尾羽遮得严严实实。乌黑的羽毛上点缀着精美的白色花纹。

奥利弗·拉雷　摄

上图　我已经在拍摄金雕的掩体
中等待了数个小时。雪下个不停，
能见度很低。尽管有暴风雨，我
还是希望金雕能出现。真说不准！
我远远听到了黑啄木鸟响亮的歌
声，希望能看到它。几乎没时间
注意周围的树干，而它就在我旁
边，仅 20 米开外。

　　　　　　　　奥利弗·拉雷　摄

随处可见啄木鸟

如果说有一种声音不分季节地萦绕耳畔，那一定是啄木鸟敲击树干的声音。即使在 1 月隆冬时节，也能像在盛夏一样听到它的声音划破冬天的寂静。在斯堪的纳维亚和芬兰森林的五种啄木鸟类型中，大斑啄木鸟、黑啄木鸟和三趾啄木鸟是最常见的。它们在全世界都有分布，但更偏爱针叶林。最罕见的是白背啄木鸟。20 世纪，由于人类对落叶林的砍伐，白背啄木鸟失去了自己喜欢的栖息地，在芬兰的种群数量急剧下降。现在芬兰仅剩不到 400 对。

下图　我躲在掩体中盯梢，希望能等来一只貂熊，但天都黑了周围还是一片寂静。开始下雨了，一只斑点啄木鸟突然出现在镜头中。我按下快门的那一刻，它正停在一棵枯树的树干上。

奥利弗·拉雷　摄

冰下嬉水

厚厚的透明冰层下可以看到飞鱼游过。水獭对如何在冬季找到开放水域很在行。它们游过树枝支撑的洞，穿过海狸的阻碍……对水獭来说，水就是一切！在水中几乎可以找到所有食物：鱼、两栖动物、甲壳类动物、水生昆虫，有时为了改善伙食，它们的菜谱里还会加上水鸟。

水獭的活动面积很大，但是由于北冰洋的冰冻期漫长且严峻，其主要活动范围集中在最北端，所以拉普兰的水獭数量并不多。在其他地方，冬季时水獭会集中分布在食物相对充裕的地方。在芬兰中部进行的一项研究表明，水獭在当地的分布密度随季节变换波动很大，夏季每 10 千米河道平均有 0.7 只水獭，而冬季达 5.2 只。

水獭经常出入各种类型的湿地，无论是小溪还是大湖。波罗的海沿岸的水獭甚至会在海里觅食！不过它们只会前往食物丰富的海域。

教会还一度批准在食物匮乏之际捕食水獭，因为很长时间内，它们都被当作是一种鱼！水獭对水陆两栖生活有极强的适应性：它们的身体结构符合流体力学，脚掌带蹼，尾巴肌肉十分发达。借助这些优势，在水下水獭也能够掌握方向，稳步前进；此外，水獭的耳朵、眼睛和鼻孔在同一水平面上，这使它在头骨顶部几乎不出水的情况下就能够同时发动视觉、听觉和嗅觉。

而事实上，水獭在水下视力非常差，嗅觉和听觉也几乎失灵。但它坚硬的胡须（学名"触须"），可以探测到猎物经过时引起的振动。为了免受寒冷，它身上每平方厘米的毛发几乎和我们的头发一样多，且大部分是细小的、波浪形的絮状绒毛，能够捕获气泡并形成保温屏障。外层的针毛更厚、更长，以保持内层绒毛的干燥。水獭虽然没有用于冬眠的脂肪储备，却能够在 1℃ 的水中过冬。

上图　冬天即将结束，这条小溪上的冰层正渐渐融化。这引起了刚刚抵达的候鸟们的兴趣。它们落在摇摇晃晃的浮冰上，啄食前一年秋天被寒冷困在这里的幼虫。其他鸟儿也被吸引来此，我发现对面竟是三个物种的鸟儿。从左到右，同框的鸟儿分别是林鹬、青脚鹬和白鹡鸰。

奥利弗·拉雷　摄

和水獭一样，河乌也在无冰区周围聚集。它们是游泳健将，常站在岩石上仔细观察水面，然后在发现小型甲壳类动物或水生昆虫时一个猛子扎进水里。它们会直接潜入水底，或者叼着猎物一边拍打翅膀一边向前游得更远一些。冬季，来自挪威（河乌是挪威的国鸟）、瑞典和俄罗斯北部的河乌都汇聚在芬兰。这是它们的度假胜地。冬天大约5000只河乌在此过冬，而夏季只有300对继续繁殖。

游泳健将
兼冰雪滑行冠军……

下图　这只河乌出现时，我走过的那条小河刚刚进入阴影。它的羽毛被空气吹得鼓鼓的，抵御着当天 –10℃ 的低温。我趁它一动不动的好时机拍下一张延时摄影的照片，可以从中感受到水的流动。

奥利弗·拉雷　摄

季节性伪装服

雷鸟、白鼬、北极兔、旅鼠……入冬之时，全世界大约有 20 种动物将自己的棕色皮毛变为白色，然后在春天到来之际再脱下纯白无瑕的"长袍"。依靠这种伪装，大多数动物能够更容易地逃脱天敌的追捕。但食肉动物也会有兴趣把自己伪装起来。白鼬就对自己身上皇家级的纯白"大衣"引以为傲，白昼渐短，有了它，突袭啮齿动物和鸟类更加易如反掌。然而由于气候变化，积雪减少，白鼬的"大衣"再无用武之地，甚至会带来危险。因为这种皮毛颜色的变化取决于白昼的长度，而不是地面的颜色。有研究表明，在没有雪的情况下，雪兔的死亡率会上升 —— 在没有积雪的情况下，穿着白棉袄的雪兔看起来就像枯叶堆上的雪人，十分显眼。

上页图　为了等这只白鼬大驾光临，我已经待了好几个小时了。好不容易看到它的身影，但是拍摄又是另一码事。它太灵活了，一秒不到就又缩回洞里。我只拍到了两三张清晰的图片。还好，不算太糟。

奥利弗·拉雷　摄

下图　那年冬天，想找到一只岩雷鸟实属不易。没想到，这团白色的羽毛就出现在我的脚下，并迅速起飞。

奥利弗·拉雷　摄

跨页图　冰岛最引人注目的自然景观之一就是瞬息万变的天气。那年3月，寒冬未尽，阵雪不断。一群大天鹅在小溪的河口附近安营扎寨。我穿着伪装服慢慢靠近它们，但突然之间刮起的一阵风让我陷入两难。我决定在离它们还有一段距离的雪地上停下来。就在这时，其中一只大天鹅在猛烈的阵风中扇动起翅膀。

奥利弗·拉雷　摄

跨页图 拉普兰的冬天结束了。我来到洛卡湖区域，柳雷鸟在此地十分常见。日落之际，我有幸拍到了它。它正穿着洁白无瑕的外衣小心翼翼地穿过一片空地。

奥利弗·拉雷 摄

数月小憩

　　在某个晴朗的冬日里，有时会出现一个过早到访的肉食性动物 —— 棕熊 [1]。棕熊给人们的普遍印象是和土拨鼠一样从秋天开始打盹，几个月后才会在鸟儿的歌声中醒来。但是从物候学来看截然相反，棕熊其实并不冬眠。深冬时节，棕熊躲在洞穴中睡觉时，体温最多只下降5℃，从 37~39℃ 降至 32~34℃。尽管不排便，心率从每分钟 40 次左右降到 10 次以下，但它仍能在不到两小时内快速恢复正常生活。在这点上土拨鼠可完全比不了，它们是真正的冬眠者，冬季睡眠期间呼吸频率为每分钟两次，体温从 40℃ 降至 5℃。棕熊的睡眠要轻许多，因此它能够利用短暂的回暖晒太阳，然后赶在再次降温前重新入眠。

下图、下页图　几点特征就足以辨认出一头棕熊：圆形轮廓的耳朵、巨大的脖子……晴朗的 9 月初，夜幕刚刚降临，它在离我的掩体瞭望台大约 20 米的地方坐下来，一动不动。恰到好处的月光让我记录下它的身影。

奥利弗·拉雷　摄

---

① 　棕熊：也称"灰熊"，主要栖息在寒温带针叶林中，多在白天活动。分布于欧亚大陆，以及北美洲大陆的大部分地区。

棕熊的巢穴通常是自己在树桩下或巨大的圆顶蚁丘中挖出来的，就和泰加林区的那些熊洞一样，此外还有篮状洞穴。年迈的棕熊更喜欢这种露天的、建在云杉树较低树枝下的洞穴。棕熊躺在树下，任由自己被雪覆盖，形成一种适应其身体的保护性冰屋。

就像狼、猞猁和这片古老的大陆上其他所有肉食动物一样，棕熊长期以来便是人类捕杀的对象，也承受着人类各种复杂交织的情感 —— 喜爱、尊重又畏惧。这样的情况由来已久。比如在萨米人中，弑熊之人必须在非常严格的规范仪式中独自隔离数日，以实现自我净化。西伯利亚会为棕熊的死亡举行一场庆祝仪式，而最尊贵的宾客就是棕熊遗体本身。之后人们借此机会忏悔自己的杀戮行为，请求获得宽恕。

棕熊能够像人类一样用后腿站立，虽然坚持时间不长；它们和我们一样，眼睛长在面部；棕熊用后脚掌行走，脚印也与人的相似；采摘浆果时，棕熊的爪子更是如我们的手指一般灵活。

圆润的身材，摇曳的步伐，嘴角时常挂着一抹笑容，棕熊流露着一种宽厚和善的气质。棕熊总是能博得人们的好感，比如它们滑稽的坐姿，还有棕熊宝宝们可爱的游戏。

但作为泰加林区最大的肉食动物，棕熊可完全不是玩具泰迪熊，进入它的领地时最好还是小心些。堪察加半岛和阿拉斯加南部科迪亚克岛的棕熊标本体重可达800千克，肩高1.50米，身长2.70米！另外值得一提的是它的爪子，和人的手指一样长，爪尖有锋利弯钩，便于撕扯猎物的皮毛。再加上棕熊还有着十分灵敏的嗅觉、听觉和超乎寻常的强大力量，你就会理解在林间和棕熊相遇可绝非小事。它们既能像野猫一样灵活爬树，也能长距离疾速奔跑，在数百千米的范围内不停地巡视它的领土，最高时速可达60千米。

只要没有人类的干预，棕熊的栖息地就会极其广泛且多样。从意大利的山林到西伯利亚北部，只要有足够大的森林和充足的食物，它们就几乎能适应任何气候。因此在欧洲，广阔的泰加林区是最有利于棕熊大量繁殖生存的环境。

俄罗斯棕熊"数不胜数"的谬论成了某些饱受争议的猎熊行为的借口。1—3月，来自美国、欧洲或日本的富裕游客只要花上几千美元就可以体验一把巢穴狩猎，其中就包括把正在越冬的动物从巢穴中赶出。俄罗斯最东北部的堪察加半岛火山区，猎人乘着雪地摩托或直升机，可以不受任何打扰地肆意追捕熊。在亚洲市场对熊"中药材"产品的巨大需求推动下，偷猎活动更是如火如荼。由于猎人总是先瞄准最大的熊，堪察加熊的数量正在锐减。

挪威猎熊的传统已经持续了数个世纪。直到1972年，某些地方猎熊之人仍可获得屠宰赏金。由于评估数量经常出现错误，过度捕猎的情况愈发严重，直到1994年人们才幡然醒悟。而此时，挪威全国境内仅剩下不到50头熊。从那时起，棕熊数量再也难以达到之前的水平，现在大约有125头。

邻国瑞典采取行动早一些。今天瑞典境内有3000多头熊。但需要注意的是，只要没有触及政府划定的数量红线，猎人就仍可继续捕熊。因此，被猎杀的熊里超过六成是猎人在追捕其他动物（如麋鹿）偶然碰上而"躺枪"的。面对严峻的形势，20世纪初芬兰政府颁布了全面保护令，直到1943年才恢复狩猎季。猎熊需要特殊许可证，目前芬兰国内约有2200头棕熊。

棕熊的食物因季节和地区而异。比如生活在泰加林的棕熊与比利牛斯山脉的同类相比会食用更多的肉类。这可能是因为长期积雪导致它们难以获取植物类食物。不过，棕熊也会像牛一样，吃一些草本植物（苔草、早熟禾等）、浆果（覆盆子、越橘、蓝莓等）、干果（山毛榉坚果、橡果、栗子、榛子、松子等）、蕨类、菌类、藓类，甚至地衣。棕熊还会剥下针叶树的树皮，撕开树干，吃软木，喝浆液；它们洗劫蜂箱，吃蜂蜜和蜜蜂。最不可思议的是棕熊甚至会袭击蚂蚁山。棕熊在斯堪的纳维亚半岛的分布密度与欧洲其他地方相比，最高可达一百倍，在当地栖息的动物就是它们主要的食物来源。棕熊还会捕鱼，也会吃各种哺乳动物（鹿、野猪、啮齿动物等），无论是活肉还是腐肉。

淡水中的海豹

在芬兰，棕熊有时也会袭击塞马湖的环斑小头海豹。这个海豹种群在 9000 年前的最后一个冰河期结束时被困在此地。从那时起它们就开始在隔离状态下进化，并形成独立的亚种：塞马湖环斑海豹 (Pusa hispida saimensis)。大西洋一种鲑鱼种群经历了相同的命运。

长时间以来，渔民们一直视海豹为竞争对手，所以毫不留情捕杀海豹。这种情况一直到 1950 年禁止狩猎才有所缓解，而那时塞马湖环斑海豹的数量已经从 8000 只下降到 100 只。虽然狩猎已经被禁止，但是新的问题又出现了 —— 水污染。海岸使用率和城市化程度越来越高，尤其是捕鱼刺网的使用让海豹成了连带受害者。

跨页图　这几天我一直在塞马湖岸附近观察环斑小头海豹。它们很害羞，所以很难等到。凌晨 1 点，一只海豹爬上了一块突出的岩石。周围一片漆黑，我什么也做不了。幸运的是，它一直等到黎明才下水。就这样，我在第一缕阳光中拍下了它。

奥利弗·拉雷　摄

上图　位于芬兰和瑞典之间的奥
兰群岛，8 月时节，白天通常天
气晴朗，夜晚则十分凉爽。清晨，
湖面泛起萦萦薄雾。在如此神圣
的背景装点下，画面定格在水中
这群鹊鸭身上。

奥利弗·拉雷　摄

现今，一些地区已经禁止捕鱼，水质也有所改善。然而，气候变暖导致冬季
温暖多雨，塞马湖环斑海豹仍然面临生存威胁。

2 月，在产仔的时候，雌性海豹通常躲在冰屋内，在温暖干燥的环境中哺育
幼崽。但是，随着雪量越来越少，海豹幼崽们不得不在冰上度过生命中的头几周，
它们的皮毛为白色且可以透水，在冰上几乎不可能存活下来。几年来，科学家们
一直在湖中的岛屿上建造雪堆，海豹母亲和幼崽可以在那里保暖。经过数十年的
努力，海豹的数量已经从 20 世纪 80 年代的 150 只恢复到今天的 360 只，目
标是 2025 年达到 400 只。之后还需要继续增加海豹数量，直到有朝一日可以
将塞马湖环斑海豹从濒危物种名单中划掉。

泥炭沼泽的春天

如何感受北极的春天？同样的奇迹每年 4 月都会上演。几天之内，到处发生着无数微妙的变化：桦树抽芽，早熟禾破土，逐渐消失的冰层和积雪……天空变幻莫测，阵雨更加频繁。毫无疑问，春天来了。

泥炭沼泽中各种色彩正在苏醒。解冻的土壤是步行者的陷阱。如果迈的步子过大，你会发现泥炭藓已经淹到了大腿。春天到了，想收起雪鞋？这里融化的积雪可不同意。

由于严重依附于湿地，泥炭藓组织可以储存自身重量的 25 倍的水。如果大旱降临，储备耗尽，它们就会进入休眠状态，直到可以再度储水。

在北极地区活跃的泥炭沼泽中，主宰着植物王国的正是这种泥炭藓，全世界共有约 500 种。多种不同的泥炭藓可以在同一片沼泽中共存，形成一个色彩斑斓的地毯，中心是棕色到红色，外围则是绿色或黄色。

下图　当天早上，0℃。太阳的第一道光芒穿过严寒冰封的溪水。这只鹬鸭如林中骑士一般，在我过夜的拍摄掩体前徘徊站岗。我醒后正好拍下这张美丽的照片。

奥利弗·拉雷　摄

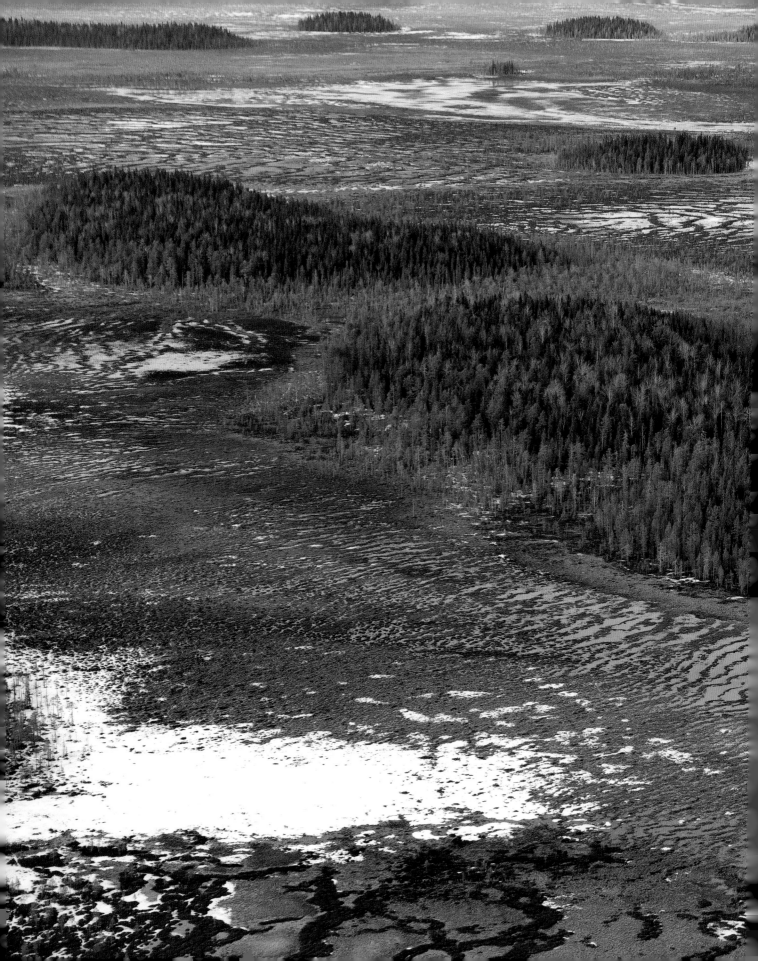

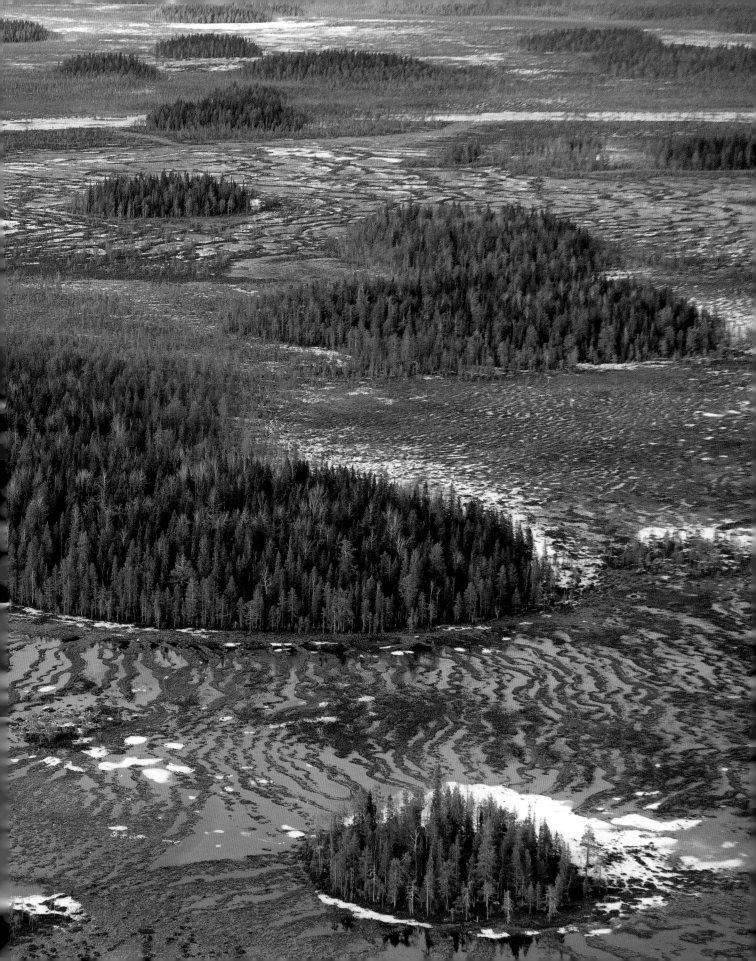

上一跨页图 从空中俯瞰，芬兰的泰加林区水域与森林交相融合，美得动人心弦。

奥利弗·拉雷 摄

跨页图 初春的拉普兰：泥炭沼泽和欧洲赤松的结合宛如调色板，清晰的冰块让它的色彩更加丰富饱和。

奥利弗·拉雷 摄

上一跨页图　9 月的一个清晨，我走出帐篷，有幸观摩了黑松鸡在春日爱情保卫战前的准备战。返回的路上我停留了片刻，欣赏日出时分的泥炭沼泽。

奥利弗·拉雷　摄

跨页图　4 月末，欧洲赤松林中成群的燕雀喋喋不休，泰加林重新恢复生机。当一群鸟儿刚刚起飞的时候，我注意到了一个仍然在睡觉的家伙。它是病了吗？它最终会起飞，飞回同伴身边。

奥利弗·拉雷　摄

上图　为了观察黑松鸡游行，我已经在泥炭沼泽的拍摄掩体中待了好几天。正巧碰到了一对天鹅在修缮自己的旧巢。在清晨的薄雾中，一只天鹅站在陡坡上，逆向的光剪出它的轮廓。

奥利弗·拉雷　摄

　　泥炭藓是生态系统的工程师，在生长过程中会产生酸性抗菌化合物，从而抑制土壤微生物群落的生长，并有助于维持泥炭沼泽特殊的生态功能。泥炭藓可以让土壤的 pH 降至 2，相当于柠檬汁的酸度。贫瘠的死水中会堆积一种由较难分解的纤维素和木质素构成的黑色纤维状物质 —— 泥炭。

　　泥炭在园艺界是一种神奇的物质，保持水分的同时它还可以让土壤通风。高碳含量的特性也让它成为一种优秀的燃料。然而，为了利用泥炭，我们破坏了历经数千年才建立起来的生态系统。此外，燃烧泥炭会将储存在那里的大量碳元素释放到大气中！

共生

除泥炭藓外，北极泥炭沼泽特有的植物群落还包括多种苔藓和蕨类植物。高等植物不太适合此地环境，不过仍然有欧石楠、蓝莓和酸果蔓属的灌木、杜鹃花，甚至肉食性植物茅膏菜。一般来说，柳树占据泥炭沼泽的最外围地带，其次是云杉和松树。在泰加林区，泥炭沼泽的土壤是酸性最强的，而森林的土壤酸性同样很强。微生物群稀少，铁铝离子浓度高，想要在这里生长，树木必须依靠共生真菌。这些真菌能够利用原始腐殖质中包含的维管植物无法获取的营养储备。因此，云杉、松木和落叶松的底部都裹在厚厚的菌根之中。真菌为树木提供水和矿物质，作为交换会吸收植物光合作用产生的糖分。因此，在泰加林区有大量的红菇、牛肝菌、丝膜菌和乳菇。

下图　5月初，黑松鸡游行如火如荼。最后一缕阳光洒在沼泽地上时，这只孤独的雄性松鸡正迈着骄傲的步伐等待着第二天的来临。它可能是还想再大战几场。我钻进睡袋之前给它拍了几张照片。现在离黎明只有不到5个小时了。

托马斯·罗杰　摄

跨页图 这是一个美丽的春日。水面平静如镜，没有一丝风。突然，这位普通秋沙鸭"女士"停在我的帐篷前，准备梳洗打扮一番。她的羽毛划过水面的瞬间留在了我的镜头之下，而后她迎着太阳继续前行。

奥利弗·拉雷 摄

早春成群的蚊子

早春时节，森林里的昆虫还不多，但是蚊子、虻和其他吸血双翅目，还有蜱虫已经蠢蠢欲动，准备在6月大显身手。它们无处不在，不给哺乳动物留下任何喘息的机会。在这片水域和森林中漫游的人们被叮咬得只顾着气愤，几乎忘记了这些小虫子也并非一无是处。它们可是蝌蚪、梭子鱼、鳟鱼和茴鱼鱼苗的美味佳肴。它们也见证了数十种鸟类的旅程——鸭子，各种涉禽、鸣禽——它们从欧洲各地来到这片冬季酷寒、春日温暖的地方繁衍后代。

鹊鸭是芬兰最常见的野鸭，对自己巢穴的忠诚度极高。前一年11月在霜冻时离开水面的鹊鸭，来年三四月之间便早早返回，是最早一批回到筑巢地点的鸟类之一。

下图 溪流似乎冻住了。一切静止，水鸟也都暂时退场。突然，两只雄性凤头潜鸭跃入我的视野，相互追逐。交配季节已经开始，这种雄性之间的斗争随处可见。

奥利弗·拉雷 摄

上图 湖水开始解冻后，我喜欢坐在掩体里观察鹊鸭求偶交尾。它们的动作很标准。在一个无风的阴天，我拍下了这张动态的照片，鹊鸭在水中的倒影很优美。

奥利弗·拉雷 摄

　　鹊鸭在欧洲北海 [①] 和波罗的海沿岸过冬，很少前往卡马尔格 [②] 甚至科西嘉岛 [③]，或者在内陆水域过冬。在这些地方它们会以甲壳类动物和无脊椎动物的幼虫为食。但从繁殖角度来说，这些森林鸟类更喜欢私密一些的环境，如某条死水的支流，或隐藏在泰加林之间的池塘。根据水域大小不同，鹊鸭两两成对、几只成群或成百上千地聚集在一起，上演一出潜水鸭中最为壮观的求偶表演。连续几周内，它们拱起身子扭来扭去，不断激起四处飞溅的水花，而交配行为就在这些表演中悄然完成了。

[①]　欧洲北海：大西洋东北部边缘海，位于欧洲大陆的西北，即大不列颠岛、斯堪的纳维亚半岛、日德兰半岛和荷比低地之间。

[②]　卡马尔格：法国南部地区，位于罗讷河三角洲的两支流间。

[③]　科西嘉岛：法国领土，位于法国本土东南方地中海上，地中海第四大岛屿。

跨页图 逆光的图像总是有一种特殊的魅力。今天早上，一只灰鹤伫立在我的帐篷前，唱起了新婚之歌。跳跃的音符同它口中逸出的哈气一起逐渐消散。

托马斯·罗杰 摄

家庭观念

芬兰民间神话卡勒瓦拉(Kalevala)中, 大天鹅是通往亡灵世界之河的守护神, 现实世界里, 它是芬兰的国鸟。然而, 由于人类对大天鹅及天鹅蛋的捕猎, 大天鹅几近灭绝。所幸 20 世纪 50 年代出台的严格法规拯救了仅存的 15 对大天鹅, 今天芬兰尚存约 6000 只。这种天鹅的歌声像喇叭一样, 它们选择在沼泽地、泰加湖附近或冻原上繁衍后代, 雄鸟和雌鸟共同在地面或浅水中筑巢。大天鹅的巢穴高达 2 米, 通常可以连续使用两年。

与大天鹅一样, 灰鹤也在泥炭沼泽中筑巢。但在开工之前, 它们会先来一番歌舞表演。雄鸟舒展身体, 从腿到喙尖延伸向天空, 鼓起红黑相间的冠冕走向伴侣。很快雌鸟就僵硬地站直, 背对着俯首称臣的雄鸟, 这种求偶邀请似乎有些狂妄自大。灰鹤的啼鸣如号角般强劲有力, 打断了精彩的求偶表演, 在沼泽中回荡。

灰鹤筑巢时主要靠颈部力量将芦苇、薹草、灯芯草的茎秆堆在湿润的泥炭藓、河岸, 甚至水域的正中间, 以防天敌袭击。雌灰鹤一般会产下两枚带有红褐色斑点的米色鹤卵。幼崽破壳后, 模范父母灰鹤会一起抚养雏鸟。然而多数情况下, 每窝只有一只雏鸟能活到学习飞行的年龄。

灰鹤体重 5~10 千克, 随时准备叼啄发动进攻的天敌。但是在地面上筑巢的水鸟在天敌面前无能为力, 只能听之任之。灰鹤的天敌之一 —— 狼也是以家庭为单位活动。狼群通常包括一对承担生育责任的狼王夫妇, 一些未成年的幼狼和不到一岁的乳狼。物种专家表示狼群的家庭结构既提高了狩猎效率, 同时也在个体之间分散了风险。相较于独狼, 狼群能更好地保护战利品免受其他肉食动物抢夺。

下页图　今天早上, 我在帐篷中醒来时仍然很冷。水面上, 一只天鹅正忙着仔细清理羽毛。现在正值 5 月中旬, 冰层正在慢慢消退。明天或后天, 冰面可能就支撑不了它的重量了。

奥利弗·拉雷 摄

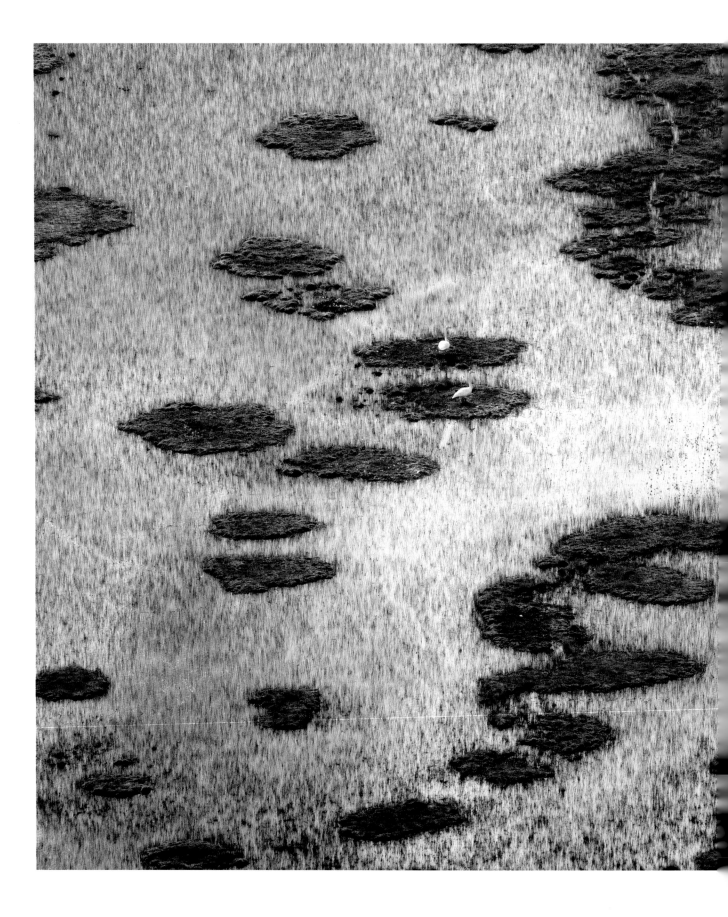

跨页图 夏天结束了，许多鸟儿已经开始南迁。我乘坐小型飞机飞越拉普兰时看到一对天鹅在沼泽中小憩。这一幕很美，但我能感觉到它们看到我们这只"铁鹰"时的不安。所以拍了几张照片后，我便要求飞行员改变航向。

托马斯·罗杰 摄

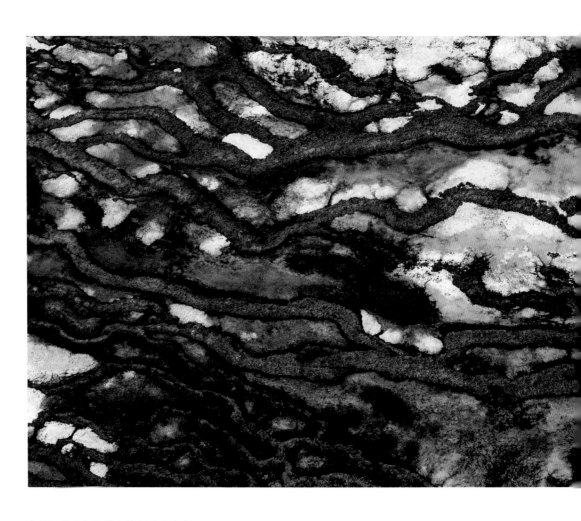

上图　我坐在飞机上从 300 米高空俯瞰拉普兰，这是一种别样的壮观之美：从地面无法观察到的泥炭沼泽跃然眼前，水域边缘的植被宛如绿松石斑点，透着超现实主义的美感，又好似浓密的长发……

奥利弗·拉雷　摄

上图　7月末，我在芬兰西南部的一个湖上乘船旅行时，在悬崖脚下发现了这条蜿蜒曲折的岩石断层带。它是经历了怎样的沧桑变故才成了这副模样？

奥利弗·拉雷　摄

上图 接连数日，我一直在等待松鸡的出现。它们通常在黑暗中比较活跃，随着光线的增强会变得更加谨慎。天已经亮了，我幸运地拍到了这位松鸡先生拍打着翅膀起飞的瞬间。

托马斯·罗杰 摄

树木真正的价值

在芬诺斯堪底亚，尽管灰狼、狐狸和貂因破坏巢穴而臭名昭著，但它们并不是灰鹤和天鹅的主要威胁。真正的危险来自电线，以及湿地的干涸。尽管芬兰仍然是泥炭沼泽面积最大的欧洲国家，但在 1945—1980 年间，二分之一的泥炭沼泽被抽干并改造为人工林。

对泰加林区的动植物来说，伐木是最大的威胁。砍伐森林会导致树木在树龄和树种上出现同质化，枯木、老树或病树的数量减少，而它们其实对许多动物至关重要。比如生活在木材中的腐木甲虫。芬兰有很多种腐木甲虫，已经确定的物种有 800 个，其中 151 个是濒危物种。

森林缺少自然火灾下的更新再生也是一个问题。今天，大多数森林火灾都被迅速扑灭，某些甲虫幼虫只能在烧焦的树干、树皮下生长，其数量也因此越来越少。

作为古老森林的专家，松鸡对砍伐后的森林适应性极强 —— 只要时间足够久，且森林没有出现碎片化。30 年林龄的森林有着茂密的浆果灌木丛，就像 20 世纪五六十年代被砍伐后再生的森林一样，只要没有过多人为干预，就非常适合松鸡生存。但是芬兰南部的高人口密度是该地区松鸡消失的主要原因。

下图　2010 年 5 月，这次与狼群的邂逅让我刻骨铭心。当时我在掩体帐篷里等待一只熊经过。突然沼泽地陷入一片死寂。我注意到森林边缘有 8 个身影。狼群随后走进了空旷地带。其中 5 只狼静静地站着，扫视周围的风景。已经过去将近 10 年，再次看到这张照片时，我仍然能够如此强烈且清晰地感受到它们的存在。它们的目光正注视着我的方向，这证明它们已经感觉到了我的存在，尽管它们并没有看到我。

托马斯·罗杰　摄

跨页图 一直以来，我都梦想着能在良好的条件下观察灰狼。我已经偷偷摸摸地远距离观察到了它。那天，雨后的灌木丛中沾满棉草的气息，我注视了它很久。这是一场令人心跳加速的会面。

奥利弗·拉雷 摄

下一跨页图 芬兰东部，俄罗斯边境地区的灌木丛。

奥利弗·拉雷 摄

跨页图　6月的一个晚上，我在蹲守貂熊。这里有一只！它多次用后腿起立：这种奇怪的姿势很像它的近亲 —— 貂或白鼬。

奥利弗·拉雷　摄

新生命的季节

欧洲和俄罗斯泰加林区，还生活着与松鸡同属的另外两个近亲：其中一种当然是黑琴鸡，还有一种是花尾榛鸡（Bonasa bonasia）。在东西伯利亚，花尾榛鸡的分布范围与黑嘴松鸡（Tetrao urogalloides）部分重叠，从分类学上二者非常相似。同时，花尾榛鸡的活动范围与柳松鸡（Lagopus lagopus）也有部分重合。

松鸡的巢是由干草、针叶、树枝、枯叶和羽毛搭成的凹槽。雌性松鸡身披红褐色羽毛守在巢穴中一动不动，以保持隐蔽。孵化过程中，它们几乎没有休息时间外出觅食，如果天气不好或即将孵化，它们更是寸步不离。

经过 28 天的孵化，新生命就破壳了。雏鸟羽毛呈黑色或棕红色，刚出生几个小时后它们就在母亲的监督下开始进食，首先是昆虫，然后是浆果。两个月后，它们便可以在树上睡觉。三个月大时，也就是 8 月底，雏鸟们就离开母亲的庇护了。起初几个月，小松鸡们会群居在一起，之后便独自为生。至于雄性松鸡，从冬末到初春，做够了国王后它们便回归平静的隐秘生活。整个夏天，它们的日常生活就是进食、勘察领地、在树上休息和梳洗毛发。秋天时，雄性松鸡可能会聚集在一起，甚至是和雌性松鸡群居。但只要开始下雪，它们便再次恢复独居。

大灰猫头鹰同样只在繁殖季才会结成"临时夫妻"。雄鸟从冬末开始求偶表演。气温回升，雄鸟便唱起自己的领地之歌——它们每隔一段时间就规律地发出一阵低沉的嘶吼，声音有些像鹿鸣。雄鸟绕着雌鸟占据的区域先飞一圈，然后降落在雌鸟身边。筑巢时，大灰猫头鹰和长尾林鸮一样，会占用其他昼行猛禽——通常是苍鹰和鵟的旧巢作为自己的巢穴，有时鹰鸮也会这么干。更罕见的情况下，大灰猫头鹰会选一棵还未倒伏的枯树干，在顶部搭起一个盆状巢穴。只可惜大灰猫头鹰筑巢水平实在有限，所谓筑巢，其实也就是用爪子抓挠、用喙啄树皮。热情过头的时候还会把巢凿出几个洞，最后自己也修不好。

下页图　5 月初，朋友给我看了一个天然的长尾林鸮巢穴。这只鸟在小森林里的枯树干中沉思。我也观察到了巢穴上的雄鸟，但我对雌鸟更感兴趣，我可以从断裂的树干的缝隙间捕捉到它的目光。

托马斯·罗杰　摄

跨页图　6月中旬，在一位芬兰朋友的陪伴下，我在森林中心发现了一个大灰猫头鹰家族。我们保持着25米的距离，看猫头鹰父母猎食回来喂两只幼崽。小猫头鹰先隐藏在树干上，但其中一只最终还是暴露了。

奥利弗·拉雷　摄

下一跨页图　芬兰，白桦树上栖息着两只雌性松鸡。

托马斯·罗杰　摄

伐木业破坏了大量鸟类的天然筑巢点。尽管如此，得益于筑巢箱的安装，大灰猫头鹰的数量还是有所增加。根据国际鸟盟的数据，瑞典有 250 ~ 500 对大灰猫头鹰，而根据 Sulkava 协会的数据，大灰猫头鹰在芬兰的数量在 500~1500 对之间，在俄罗斯境内要更多，但在挪威仍然很罕见。

雌性大灰猫头鹰从 4 月初到 5 月初产下 1~9 枚卵。它们独自孵卵，有时会在巢穴附近的树枝上休息顺便排泄，同时拍打拍打翅膀以活动筋骨。雄鸟在旁边的一个栖木上静静注视着自己的伴侣，提供食物，保障后勤工作。大约 30 天后雏鸟就破壳而出了。刚出生的大灰猫头鹰呈灰白色，3 周后完全变成灰色。孵化后仅仅几天，它们就能够抓住或者从巢底捡起母亲飞行过程中扔下的整块猎物。小猫头鹰的第一次出巢之行是跳上自己出生的树干并沿着树干攀爬。

大灰猫头鹰以极具侵略性闻名。据说连棕熊发现自己闯入大灰猫头鹰的地盘时都会绕道而行。在哺育幼鸟时，它们这种防御性气场达到顶峰。此时，幼鸟尚不能飞行，它们四散在地上，对捕食者毫无还击之力。大灰猫头鹰时刻张开利爪，无论入侵者是谁，它们都会毫无警告地猛扑上去。即使是冻原最大的哺乳动物也会被它们划下深深的伤口。

大约 8 周时，大灰猫头鹰幼鸟羽翼尚未丰满，但已经可以飞行。直到大约 5 个月大，即冬季开始时，它们才能完全独立。

花心伴侣，模范母亲

和貂熊一样，熊也是坚定不移的独居者。只有在 5—7 月的发情期它们才会寻找配偶。如果没有"第三者"（无论性别）来找麻烦的话，两只异性会共度一段时光。但如果被"插足"，它们必须捍卫自己的地位！事实上，熊并不是忠诚的伴侣。在斯堪的纳维亚进行的一项研究表明，超过 14% 的双胞胎熊崽父亲并不相同，而 28% 的三胎幼崽至少有两个父亲。熊与貂熊的另一个共同特征是，雌性可以将受精卵的着床时间延迟到秋天，因为那时熊开始寻找巢穴过冬。

下页图　这张照片拍摄于 2006 年，当时我第一次在拍摄掩体中过夜。我完全孤军奋战，在夏日漫长的阳光里遇见了棕熊，而且恰巧是一对热恋中的情侣。

托马斯·罗杰　摄

跨页图　绝对是幸运之神在向我微笑招手，让我有机会如此近距离地亲密接触到野生动物。一位棕熊妈妈带着它的宝宝在我面前停下，准备梳洗。小熊的背部占据了这张照片的前景。

奥利弗·拉雷　摄

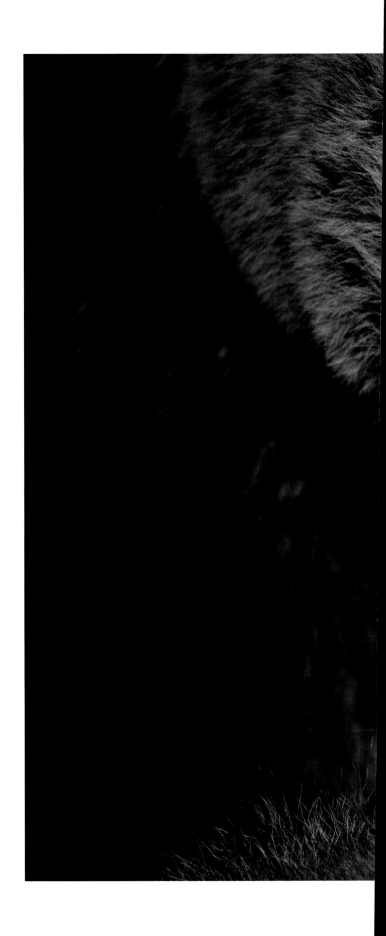

来年 1—2 月份，即交配后 8~9 个月，母熊才会产下幼崽。刚出生的幼崽体型和大老鼠差不多，体重 350~400 克，没有毛发，无法调节体温。一个月后才会睁开双眼。在此期间，它躺在舒适的巢穴里，贴在妈妈身上。母熊为它取暖，喂它乳汁 —— 熊乳营养比人类的要丰富十倍。母熊整个冬天没有进食，和秋天时相比体重减轻了一半，而幼崽则快速发育长大。不到两个月就能走路，4 月就可以外出 —— 此时它的体重已经增加了 10 倍。之后，幼熊的体重达到 3~6 千克，开始进食植物和昆虫，练习攀爬、洗澡、奔跑和在山坡上打滚，但它仍十分警惕。事实上，熊在出生后第一年的死亡率很高：屠杀幼熊、头年秋天的营养不良以及在特殊情况下遭狼群捕食，这些对它们来说往往都是致命威胁。

一般来说，幼熊与家人一起生活 15~26 个月。它们通常与母亲一起度过 2 个冬天，再逢春天之时就会被重新进入发情期的母亲赶走。"被迫"获得自由后，幼熊们往往会在熟悉的地方待在一起。直到第三年冬天，兄弟姐妹们才会真正分开，各自寻找自己生活的领土，做自己的泰加林之王。

在尝试交配之前，公熊会定期嗅探母熊的下体，查看排卵情况。只有临近排卵期，公熊才会上前去碰碰运气，但只有在母熊同意的情况下它才能成功。一旦征得母熊同意，熊每日交配次数可达 10 次以上，正是这种反复尝试引发最终的排卵。如果某位新的追求者欣赏熊妈妈，只要它一出现，幼熊们就会立即爬到树上 —— 外来公熊绝对是它们的死敌。母亲的"新欢"常常让它们不得不提前离开家。

下页图　这两只幼熊属于一个兄弟姐妹组成的三口之家，它们在我的帐篷外长时间驻足。两只熊的游戏和彼此的爱抚令人感动。这些小家伙好奇心很重，离我的掩体帐篷只有不到 1 米。

奥利弗·拉雷　摄

下图　鹊鸭的求偶表演实在令人叹为观止。雄鹊鸭每隔一段时间就潜入水中，用后腿拨水。这个早晨平静无风，它们在水面的倒影显得格外清晰。

奥利弗·拉雷　摄

上图　我在水边躲在掩体中等待黑喉潜鸟的到来，这时，一只鹊鸭妈妈带着它的11只宝宝经过。我摄影生涯中从未见过如此庞大的鹊鸭家族。

托马斯·罗杰　摄

向北迁移的森林

欧洲目前仅存一小部分所谓的"原始"泰加林。加拿大约有 18%，俄罗斯情况可能更糟——泰加林内约 30% 的砍伐都是非法的。空气污染也愈发严重，酸雨摧毁了将近 2 万平方千米的土地。由于维护不善，管道污染了许多途径西伯利亚森林的河流……全世界范围内，阿拉斯加的泰加林似乎是最幸运的，40%受到严格保护。

许多生活在阿拉斯加泰加林的物种都对外界干扰十分敏感，比如猞猁、貂熊、松鸡和黑琴鸡。在欧洲，泰加林是公认的人类干预程度最低的生态系统之一。即便如此，猎人、狗、徒步旅行者和他们发出的声音，运动员及其装备都给泰加林带来了越来越大的压力。

过去 100 年中，地球的平均温度上升了 0.74℃。根据某些预测，未来 100年北极还会继续升温 7℃。按理说护林员应该为此感到高兴，毕竟寒冷是限制泰加林树木生长的主要因素之一。但事实上，泰加林及南边的落叶林在纬度分布上都已经到达极限。目前每 10 年约 100 米的迁移速度还是太慢，无法抵消全球变暖带来的影响。此外，气温上升可能导致更多的干旱、疾病和外来食木昆虫的入侵。鉴于泰加林的物种多样性较低，这些情况会造成很大破坏。更严重的是，在加拿大，森林火灾发生的频率急剧增加，森林甚至没有充足的时间进行自我修复与再生。

下页图　9 月为泰加林染上了绚丽的色彩。在这种以蓝莓和杜鹃花为主的灌木丛中，捕捉它们最细微的差别并拍照留念就是我最喜欢的游戏。

奥利弗·拉雷　摄

跨页图　芬兰灌木丛中的秋叶
特写。

　　　托马斯·罗杰　摄

冻原

在植物生长的边界

在萨米语中，冻原 [①] 指"贫瘠的土地"或"没有树木的土地"。现实中，冻原位于北纬 50° ~ 80° 之间，占地球陆地面积的 6%，这种自然环境并非不毛之地，只不过植物分布十分隐蔽。这里有属于草本类的柳树和矮小的白桦树。这些树木的高度几乎都不超过 30 厘米，年代久远的古木亦是如此。

在同一纬度上，大型植物绝不放过任何可能生存之地。它们在魁北克省的分布范围没有越过北极圈（北纬 66° 34'），在加拿大西部可以坚挺到北纬 68°。在斯堪的纳维亚半岛，由于墨西哥湾暖流的气候调节作用，它们甚至能够在北纬 70° 的环境中生存。事实上，只有当一年中最热月份的平均温度低于 10℃时，冻原才会取代泰加林。在冻原地区，植物的生长季节大幅缩短：7 月初开始，8 月下旬就结束。冻原的降水量也常低于大多数沙漠，土壤中的水分则因霜冻而无法利用。由于存在永久冻土，可以被植物根系利用的腐殖质层很薄。在这种条件下，大型植物无法找到生长所需的资源。

在冰岛，人类活动加快了冻原的形成。1100 年前，维京人还未在此定居，冰岛 30% 的表面积由森林覆盖。原本就因风雨侵蚀而稀薄的火山土，在密集开垦和过度放牧的摧残下更是所剩无几。这种环境下植物无法生存。从那时起，冻原就开始统治世界的北极角落。

其他地方，泰加林和冻原之间的过渡有时会延伸到几百米甚至更长。然后，在 100 多千米的南北跨度上就会出现一种北方的大草原 —— 草木繁茂的冻原。柳雷鸟喜欢这里的植被，驯鹿群在冬季来此处吃草。再往北走或在风大的高处，就是低矮植物的王国。

上页图 冰岛的春雨总是说来就来。那日，我正在拍摄这个大天鹅家族时，突如其来的阵雨让我措手不及，却意外给此情此景增添了一些魅力。

托马斯·罗杰 摄

---

① 冻原：也称"苔原"，由苔藓、地衣、多年生草本植物和耐寒矮小灌木构成的植被带，贴地生长，植株矮小，分布于欧亚大陆和北美大陆的北部边缘地带。

跨页图　没有汽车喧嚣，只有飞鸟成群……弗拉泰岛是自然主义者的天堂，时间是静止的。岸边几艘很有年代感的老船为风景增添了一抹别样的色彩。它们提醒着我们，当地生活是由大海和捕鱼构成的。

托马斯·罗杰　摄

高度协调的植物社会

乍一看，冻原生态系统中的植物构成可能很混乱，而事实并非如此。在有限的条件下，每一种植物的存在都和有利于其生存的微气候密切相关。这也决定了植物在所有层次的分布结构，有时仅在几平方厘米内。气候的细微差别导致的最明显的结果就是两种类型的冻原区别：灌木丛生的地衣冻原常生长在多风的高地和山脊上，而光秃秃的薹草和苔藓冻原则占据着低地和洼地等较为湿润的土壤。

北极地区土壤的冻融交替造就了地势的高低起伏。例如会形成鼓丘——指向古老冰川流动方向的水滴形山丘，或是冰丘——冰芯占据中心可以高达50米的小锥体，甚至还有泥炭丘——突出泥炭沼泽的约1米高的土丘。在平坦陆地、沿海平原和山谷底部，我们还发现了奇形怪状的多边形土[①]——由鹅卵石划分边界的形状不规则的石板路，其形成也与霜冻有关。

地形的特点和漫长的冬季共同塑造了冻原地貌。畏寒的植物因害怕下雪而占据了长期曝露在风中的地带。积雪覆盖之处则是需要雪层保护植物的避风港。还有一些动物也会钻进雪中，比如旅鼠。与其他陆生脊椎动物相比，这些啮齿动物在数量上有着压倒性优势，也因此在北极食物链中扮演着十分重要的角色，甚至能够改变生态系统。

旅鼠对食物的需求量非常大：每只旅鼠每年需要40多千克的植物。旅鼠一顿风卷残云之后，剩下的植物残骸被融化的雪水冲走，在富含腐殖质的土堆中不断积聚。在此之上又建立起某些新的植物群落。科学家们观察到在位于俄罗斯最东部的楚科奇半岛上，花栗鼠和土拨鼠也扮演着同样的角色。

上页图 冰岛南部，我在一个非常小的水域边缘停下来，这时我的目光落在水面上的一个土丘上。我拿起望远镜证实自己的猜想：这是一个鸟巢，一只红喉潜鸟正在孵蛋。

奥利弗·拉雷 摄

---

① 多边形土：又称"泥质构造土"，由地表松散物质在冻结（膨胀）和融化（收缩）过程中不断发生位移形成。碎石和沙土自然分选排列，在平面上构成以沙土为核心、碎石作周边的多边形。

跨页图　有人告诉我，冰岛南部的某个丘陵地区有柳雷鸟。我用望远镜找了很久才找到。实际上，它离我很近，我蹲下身子拍了这张照片。

奥利弗·拉雷　摄

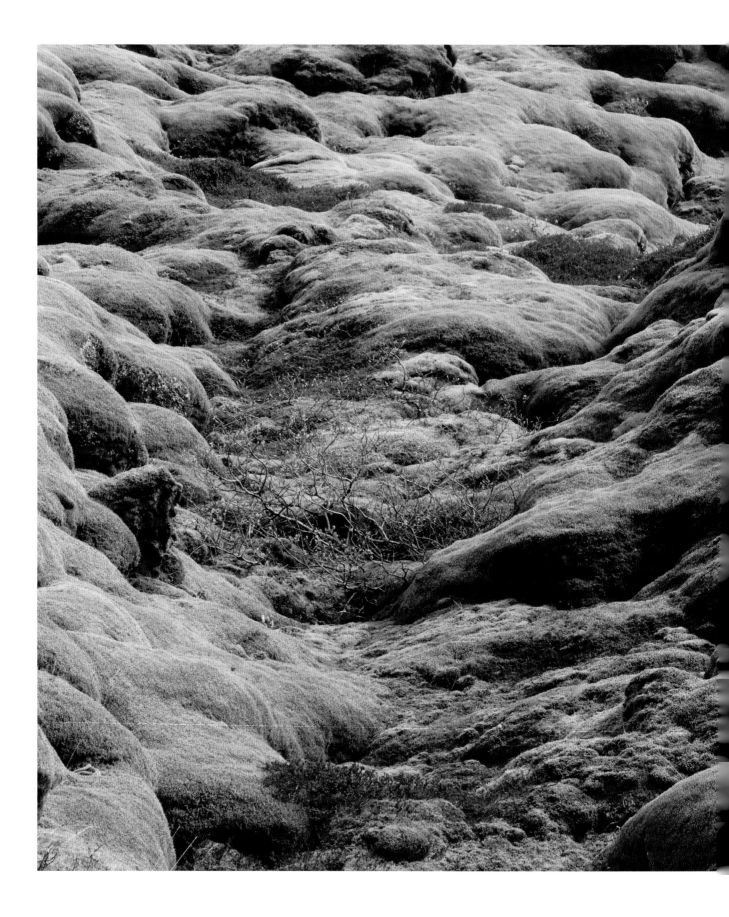

跨页图　北极狐在冰岛很罕见。但在寻找它们的过程中有时会遇到一些意外惊喜，比如这个沐浴在美丽光晕中的被苔藓覆盖的山谷。

托马斯·罗杰　摄

上图　在斯匹次卑尔根岛的冻原上徒步旅行时，我把长镜头换成了微距镜头，把目光从地平线收回到脚下。今天早上没有动物出现，但地衣、鹅卵石和彩色苔藓交织在一起的地面也值得一赏。

奥利弗·拉雷　摄

节约资源与相互合作

体型小的植物，对水、养分和光照的需求也较小。冬天它们可以隐藏在雪地之下，夏天利用地面辐射的热量。小型植物特殊的形态限制了热量和水分的流失，也增强了抗风性。虎耳草能够在岩缝中生存，呈垫状生长，保证花的温度。其他植物如欧洲越橘或欧石南会开出钟形的花朵，花冠内部温度更高，就像形成一个小温室，从而加速了种子的发育。

北极柳的叶子较厚且多毛，在有风的干燥情况下可以限制水分流失。

北极冻原只有约 2000 种植物，所以彼此之间相互依存度很高。例如，矮杜鹃的生存就完全依附于全萼苔属的某些植物。矮小杜鹃的种子只能在这些全萼苔叶片的缝隙中发芽。构成冻原的植物没有替代种，生物多样性过低进而导致其生态弹性较差。

上图　将近 9 月中旬，斯瓦尔巴驯鹿的发情期开始了。在披上秋色的冻原之上，雄驯鹿正头戴最美的鹿角，准备开始激烈竞争。

奥利弗·拉雷　摄

跨页图　羽扇豆自从被引进冰岛，就成为一些地方不可或缺的景观。它们为柔和的风景增添了一抹明亮的色彩。

托马斯·罗杰　摄

下一跨页图　在冰岛的冻原上经常能听到欧亚金鸻的叫声，但这种鸟很难被发现。我躺在地上把自己藏得更隐蔽，然后这只鸟便向我靠近。它站在一株低矮的植物上，时而尖声啼鸣，时而全速奔跑。

奥利弗·拉雷　摄

上图 我在斯匹次卑尔根岛北部的小平岛上散步，一只北极燕鸥察觉到我的存在后有些烦躁不安，朝我的方向俯冲。毫无疑问，虽然从地面上看不见，但它的巢穴就在不远处。我后退到它保护的区域以外后，仍然可以看到它，它又开始孵卵了。

奥利弗·拉雷 摄

由于每年的生长季只有两个月，冻原植物必须在冬季到来之前找到繁殖的方法。大部分植物采用压条繁殖①，为了节省能量，每两到三年才产一次种子。另一些植物乘着春天的快步，在积雪未融时就悄然开始生长。由于缺乏充足的光照来进行光合作用，冻原植物会利用自上一年夏天以来储存在根部的养分。此外，几乎所有的开花植物都与真菌有共生关系，由此充分利用所有的资源。

苔藓和地衣是最适应北极气候的植物，它们在冻原的数量和种类都颇为丰富，且二者都产生可以休眠数月甚至数年之久的孢子。地衣是藻类和真菌的共生体，生长非常

① 压条繁殖：将未脱离母体的枝条压入土内，生根与母体分离，成为独立新植株，属于无性繁殖的一种。

缓慢，在不受干扰的情况下可以存活 5000 年。地衣是某些食草动物（如驯鹿）冬季重要的食物来源。

冻原植物虽然体积小、生长隐蔽、外表谦逊，但在北极短暂的夏季，它们仍称得上奇观 —— 为冻原铺上橙色、蓝色、红色和粉色的巨幅地毯……许多高等植物，如宽叶柳兰或仙女木，都有五颜六色的花朵，比冻原植物的体积大一些。因此，它们便能够吸引到授粉昆虫进而生产种子。与植物类似，为了能够在北极短暂的夏季进行繁殖，节肢动物也改变了自己的生命周期。如北极灯蛾，其幼虫期会持续数年，然后在生命的最后一个夏天结束之时蜕变成蝶，交配产卵，然后死去。

下图　叽叽喳喳的鸣叫声持续了好几分钟，但我什么也没看到。最后，我看到一只爬到高处下不来的年幼的灰瓣蹼鹬。它看起来像一只黄黑相间的绒毛球，似乎是迷路了。雏鸟的哭声很快就惊动了父亲，它就依偎在父亲身边。

托马斯·罗杰　摄

上图　我在冰岛北部的米湖岸边。现在是 5 月末，求偶季的游行正热火朝天地进行着。这对黑颈䴙䴘正忙着跳交配舞，对我完全无动于衷，我正好可以尽情地给它们拍特写。

奥利弗·拉雷　摄

春日表演

5 月底至 7 月底，北极南部地区会爆发新一轮的生命浪潮。空中、池塘、湖泊、河流，甚至在海里，都有许多小动物借着天气转暖和极昼充分的光照破壳而出、肆意生长，仿佛在与冬天的寒冷和黑暗较量：蠕虫、昆虫、蛛形纲动物、软体动物、甲壳类动物、鱼类……这些小生命的繁衍扩散又吸引来成群的鸟。鸟类面临的问题则是如何与这些小动物的出现高峰保持同步，算准时机孵化出自己的宝宝，用这些食物哺育雏鸟。

这些鸟中，涉禽的装备尤其精良，可以在北极短暂的夏季里充分利用冻原提供的资源。它们细薄的喙是捕捉无脊椎动物及其幼虫的绝佳工具，每一种小型涉禽的喙的形状和长度都有自己的特点和专长。杓鹬的喙长且向下弯曲，可以啄出埋在泥土中深达12厘米的蠕虫或小型软体动物。蛎鹬可以深入7厘米，红脚鹬可达5厘米，红腹滨鹬可达2.5厘米。大家对各类无脊椎动物各取所需，互不相争。至于鸻，由于喙太短无法深入地面，习惯于追捕猎物，并以快取胜，对甲虫情有独钟。

上图　此处悬崖经常有海鸟聚集，我在悬崖脚下发现了一片小海滩。色彩斑斓的海岸带上的一些小点似乎在移动：原来是几只翻石鹬正在散步，与周遭完美地融为一体。

奥利弗·拉雷　摄

跨页图 被海水卷起的火山石和冲到岸边的海洋植物残骸，为蛎鹬的服装展示打造了完美的背景。

奥利弗·拉雷 摄

所有在冻原筑巢的鸟类都在北极夏季享受这场无脊椎动物的饕餮盛宴，海鸟们也乐得为雏鸟改善伙食。双翅目，尤其是摇蚊 —— 一种翅膀半透明的蠓虫，在冻原很常见 —— 是北极燕鸥在筑巢期间最喜欢的猎物之一。

　　北极燕鸥的喙和腿呈胭脂红色，浅色的羽毛服装上点缀着黑色的亮点，再加上轻盈的飞行动作和小巧的体型，看起来就像一位优雅的芭蕾舞演员。但不要误会，这些健壮的背包客创造了鸟类世界中目前已知的最长迁徙纪录。在北纬82°的格陵兰岛筑巢后，一些北极燕鸥会飞至南纬55°～70°间的南极冰层边缘过冬。每年飞行距离超过3.8万千米！总而言之，北极燕鸥是一生中享受日照时间最长的动物。

　　蠕虫在陆地上挖洞，昆虫幼虫在淡水中孵化，蠓虫、苍蝇和成群的蚊子在空中盘旋，此时，浮游植物便占领了海水。由此，它们便建立了环环相扣的食物链，从浮游动物，到磷虾和小鱼，最终成为顶级掠食者的食物来源。

下图　在冰岛的草丛中，我发现了一只仅比麻雀大一丁点儿的涉禽，它正扫视着地面。是黑腹滨鹬。我把相机牢牢地在地上放好，等待它从身边经过。它在距离我的镜头3米处抬起头，在我按下快门的瞬间正好停住，然后又转身回去寻找昆虫了。

奥利弗·拉雷　摄

上图　积雪融化，斯匹次卑尔
根西海岸山脉露出原本的颜
色。而这些都只充当了这只北
极燕鸥的背景，它在海面上进
行了一场精湛的盘旋表演。

奥利弗·拉雷　摄

跨页图　我去了冰岛南部一个小型的自然保护区，这里有很多小湖泊，我希望能拍摄到红喉潜鸟。来到湖边，我迅速背风搭好了拍摄掩体，盼望着鸟儿的到来。又如我所料，一只美丽的红喉潜鸟在降落片刻后再次起飞：面朝我，迎着风，就像每一次起飞时那样。

托马斯·罗杰　摄

跨页图　芬兰，三趾鹬。

　　　　奥利弗·拉雷　摄

不计其数的海鸟

　　海鸟虽然小，但在北极水域海鸟的数量远超鲸鱼，对猎物的影响也更大。在冰岛或斯匹次卑尔根岛海岸的悬崖边和山顶上，企鹅、海鸠、暴风鹱和北极海鹦根据各自喜好选择栖息地。远远地就能听到它们细细簌簌的低语，走近一些，鸟鸣便如波浪一般涌来。再之后，终于可以看到它们了，在白色鸟粪石覆盖的地面上，海鸟就像一群移动的圆点。

　　大贼鸥一身朴素的灰色羽毛，身体健壮，有着平坦的前额和突出的眉脊，加上钩状的喙，看起来似乎永远皱着眉头。它们在悬崖附近的草坪上筑巢，毫不犹豫地攻击它的邻居。大贼鸥凶狠的神色与几十米外的草丛中游荡的北极海鹦形成了鲜明对比——北极海鹦穿着小丑服装，戴着假鼻子，仿佛是从漫画中走出来的。它们的飞行方式也很可爱，作为一名经验丰富的飞行员，它们以红色短鳍为舵，在空中旋转，然后以 70 千米左右的时速乘着海浪奔跑。

　　与许多海鸟一样，北极海鹦的寿命很长，最长可达 30 年。它们是"一夫一妻"

下图　北极海鹦正在温柔地互相亲吻，它们的求偶表演是我在冰岛最美好的回忆之一。北极海鹦对人类十分信任，所以我可以非常近距离地观察它们并拍下许多珍贵的照片。

托马斯·罗杰　摄

上图 斯匹次卑尔根有很多侏海雀，但近距离拍摄它们并不容易。我坐在一个碎石坡上等待它们捕鱼归来，有几只就出现在离我几米远的地方。

奥利弗·拉雷 摄

制，每年春天会在返回陆地前重新团聚，然后在小岛或悬崖的草地上结群定居。它们用喙和腿挖出约 2 米深的洞穴，在铺着草、海藻和羽毛的地毯上产下一枚卵。北极海鹦还可能通过武力手段赶走兔子，然后"征用"它们的洞穴。

北极海鹦父母会共同喂养雏鸟，将在附近捕获的小鱼带回巢。经过大约 40 天的呵护，幼鸟的体重几乎就和父母一样了。初长成的小鸟会在 8 月某个黄昏或夜晚离开爸爸妈妈的保护巢，然后在几天后与其他同伴一起开始新生活。

跨页图　在冰岛西部的一个小岛上，我享受了好几天阳光明媚的日子，也目睹了北极海鹦捕鱼归来。于是，我在斜坡顶固定好摄影机器。有几只鸟恰巧降落在我身边。

奥利弗·拉雷　摄

跨页图　沿着冰岛西北部绵延14千米的拉特拉布吉悬崖行进时，我发现这两只刀嘴海雀正在一块尖形礁石上栖息。我爬到它们身边，拍下了这张照片。

托马斯·罗杰　摄

如果没有这些鸟类，北极会是什么样子？这些鸟儿不仅给沉寂的北极带来生机，也塑造了当地的生态系统。格陵兰岛东北部的图勒附近有一条长 325 千米的草原，与周围植被稀疏的冻原形成鲜明对比，这说明了北极地区的海鸟对原筑巢地的忠诚。而早在 1000 年前，第一批定居于此的人就意识到了这一反常现象。这片肥沃地带的存在得益于侏海雀的粪便，每年夏天，数以千万计的侏海雀聚集在这里繁衍后代。所以侏海雀也算是间接服务了许多食草动物，比如鹅、野兔、驯鹿、麝牛等。而食草动物的天敌也会充分利用这荒芜北极中难得的一片绿洲，这些食肉动物的物种密度在侏海雀栖息地附近会高得多。

科学家们估计，在一个繁殖季里，在斯瓦尔巴群岛筑巢的数百万只侏海雀中，每只侏海雀都从海洋向陆地带来了 250 克天然肥料。在俄罗斯进行的另一些研究也已经表明，鸟粪也为鸟类聚集地附近的水域提供了肥料。相反，如果鸟类筑巢地面积缩小，冻原土壤和沿海水域的肥沃程度就会下降。

下图　在冰岛，当我靠近一群北极海鹦时，一只大贼鸥起飞并直接向我扑来。拍完这张照片后我就离开了。显然，我的出现激怒了它。这附近很可能有鸟蛋或雏鸟。

托马斯·罗杰　摄

上图　我从来没有想到北极狐竟然能抓到侏海雀，直到我亲眼看见这只北极狐在洞穴外蹲守着鸟儿出现，当它的喙指向空中时一下抓住了它。

奥利弗·拉雷　摄

下一跨页图　在斯匹次卑尔根北部峡湾的一次皮艇漂流中，我有幸看到七只北极狐，它们所在的此处悬崖栖息着许多三趾鸥。一只北极狐好奇地靠近水面。

奥利弗·拉雷　摄

可怕的"毛茸茸"

除大贼鸥、海鸥和一些猛禽外，北极狐也是海鸟惧怕的天敌之一。这种长着长绒毛的可爱肉食动物在海滩上捕猎，吃被海水冲上来的尸体，也会掠夺鸟类的巢穴。为了保护自己和后代免受北极狐的袭击，北极海鹦把幼崽藏在隧道里，侏海雀把宝宝藏在石缝中，海鸠在悬崖上筑巢哺育后代，北极燕鸥始终保持挺嘴向前俯冲，翻石鹬还混入海鸥的领地里。最英勇的是鸻类父母，它们假装受伤引诱北极狐离开巢穴，然后在最后一刻起飞，"狐"口脱险。

上图 2014 年 6 月，我在斯匹次卑尔根西部发现了一个狐狸家族。我花了几个小时观察这些小家伙们在一起玩耍跳跃，互相追逐。狐狸妈妈把这只鸟蛋送到它们面前，又温柔地注视着它们品尝美味佳肴。

奥利弗·拉雷 摄

北极狐也称白狐，是冰岛唯一的本土哺乳动物，也是沿海鸟类的唯一陆栖大敌。收集欧绒鸭羽毛的生意人视北极狐为眼中钉。如果不是因为优雅的北极狐对欧绒鸭的捕猎，从巢穴中收集鸭绒原本是一项可以长期进行的活动。

北极狐的皮毛存在两种不同形式，有时在同一窝里就同时有两种。最常见的是所谓的"白色"北极狐，夏季时皮毛为棕色，冬季为白色。在冰岛，"蓝色"北极狐更常见，这种北极狐皮毛在冬夏季都是灰褐色的。这可能是由于自然选择：藻类和地衣覆盖的海岸岩石上，灰褐色的北极狐可以更好地隐藏自己。

在斯瓦尔巴群岛和格陵兰岛的冬季，北极狐会跟随大型食肉动物 —— 北极熊在冰层上长途跋涉，并以北极熊的猎物为生。但在夏季，受限于大陆面积，北极狐不得不和强悍的北极熊展开正面竞争：成群的绒鸭和大雁、海鸠和企鹅的蛋、从巢中跌落的雏鸟都会是它们的食物来源。

下图　冰岛西部的弗拉泰以其自然保护区闻名。鸥绒鸭在这里繁殖，不用担心岛上有北极狐出没。它们育雏时一声不响且一动不动，很难被发现。事实上，由于它们的羽毛与背景融为一体，它们也相信自己已经"隐身"，只有在不得已的情况下才会离开巢穴。我借此机会近距离地拍摄到了这只雌鸟。

托马斯·罗杰　摄

跨页图 我在斯匹次卑尔根的朗伊尔城郊发现了一个北极狐家族。尽管时值仲夏，但这些北极狐幼崽的体型之小让我倍感惊讶。不过这些毛茸茸的小家伙状态很好，它们在碎石上时而打盹，时而嬉戏。

奥利弗·拉雷 摄

173

人类的足迹

人类在冻原上的历史可以追溯到很久以前。2 万多年前，亚洲人越过这片广阔的土地，征服了北美洲。1.3 万年前，这些人开始在北欧定居。萨米人是这些先驱者的后裔。

据估计，萨米人至少有 10 万人，主要分布在挪威、瑞典、芬兰，俄罗斯部分地区也有分布。长期以来，他们猎杀驯鹿并以此为食，随后逐渐发展起驯鹿养殖业，同时消灭了干扰他们活动的野生驯鹿。因此，目前只有挪威中部高原（北极气候）和斯瓦尔巴群岛尚可观察到野生驯鹿，而斯瓦尔巴群岛是其分布范围最靠北的地区之一。最后一个冰河时代结束时，这些驯鹿从格陵兰出发，从浮冰上迁移至此。

斯瓦尔巴驯鹿是已知的九个驯鹿亚种中体型最小的，但也是最胖的。它的皮毛比分布在最南端的同类更厚。这些都是其适应环境的结果。芬诺斯堪底亚半岛的驯鹿可以迁徙到树木较多、不那么寒冷且没有厚重积雪的地区越冬，而斯瓦尔巴群岛的驯鹿别无选择，只能在冻原上过冬，它们必须刮掉积雪才能看到地衣。而大量的脂肪储备也有助于其生存。此外，芬诺斯堪底亚的驯鹿也不能像斯瓦尔巴群岛的同类体形那么丰满，因为当它们受到狼群的攻击时，必须快速奔跑。斯瓦尔巴群岛没有狼，这也可以解释为什么该群岛没有形成较大的驯鹿群。

上页图　这张照片是在夏末的斯匹次卑尔根岛拍摄的，当时我和我的同伴在冲锋舟上。巨石被海藻覆盖着，这只深色狐狸尤为显眼。它徘徊了一阵后停下片刻，浅棕色的眼睛盯着我们，一只耳朵向前，另一只耳朵向后。

奥利弗·拉雷　摄

削弱我们的存在感

斯瓦尔巴群岛、冰岛和北极其他许多岛屿和群岛 —— 如格陵兰岛、设得兰群岛、法罗群岛的共同点是 11 世纪和 12 世纪受维京人的统治。在鱼类丰富的水域被开发之前，斯堪的纳维亚水手就已经靠捕猎海鸟和收集鸟蛋为生。今天，仍有部分冰岛人、法罗人或格陵兰人在延续这种做法。

过去 30 年中，许多鸟类栖息地的北极燕鸥、三趾鸥、厚嘴崖海鸦和北极海鹦的数量一直在下降。导致这一现象的原因包括过度捕捞其食物和捕捞饲料鱼（非常小的专门用于水产养殖的鱼），还有气候变化。据估计，冰岛西部和南部的气温上升了 1~2℃。因此，高纬度地区出现了原本生活在更靠南地区的物种（如金枪鱼），北极海鹦、海鸠和刀嘴海雀赖以生存的鱼群的数量也大量减少。所以，即使只是少量捕杀北极海鹦及其鸟蛋也不应该被提倡。至于冰岛传统的圣诞菜肴烤海鹦，那就更糟糕了！

陆地上亦是如此，北极气候正变得越来越难以预测。原本应该寒冷的冬天不断出现升温解冻。这种温度的交替变化不仅会形成冰（而驯鹿难以在冰面上移动），还会使得保护某些动植物（如旅鼠）的雪层变薄。夏季，气温上升和干旱会导致火灾更频繁地发生。据预测，或许还会有来自南方的物种入侵，加剧资源竞争，导致威胁到本地生物多样性的疾病暴发。这些都引发了人们的忧虑。

在芬诺斯堪底亚，最新的预测表明，到 2070 年冻原的夏季平均气温将超过 10℃。南部的冻原生态系统将会被森林覆盖，并逐渐转变为泰加林。而这将产生连带效应——由于雪层变薄，深色的针叶树更多地曝露在太阳下。而针叶树会使土壤变暖，进一步加剧温度的升高。

下页图 夏季，许多北极燕鸥夫妇占据了与斯匹次卑尔根接壤的平坦小岛。哪怕嗅到一丁点儿危险，它们也会飞起来，将入侵者无情赶走。

奥利弗·拉雷 摄

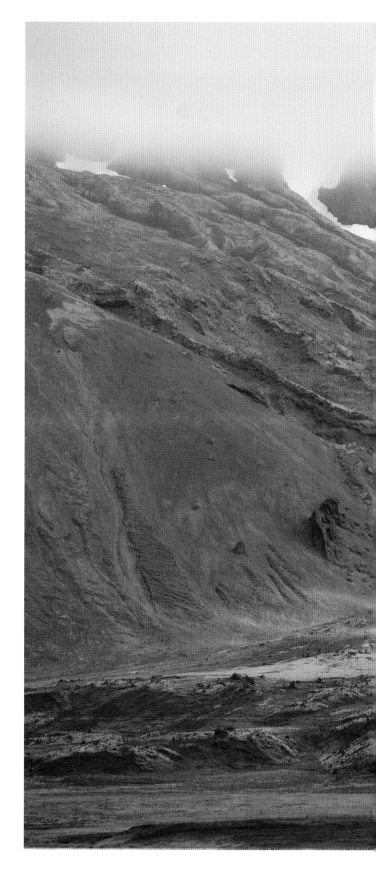

跨页图　这些火山地貌是冰岛特色的一部分。厚重的云层裂开了一个豁口，洒下的光线正好帮助我拍出了这张色调柔和的照片。

托马斯·罗杰　摄

跨页图　在斯匹次卑尔根西部的一个小山谷里，我看到了一头长着硕大鹿角的驯鹿。它正在雨中平静地沉思。

奥利弗·拉雷　摄

跨页图 在冰岛，我有好几次机会去参观地球上最有生命力的景色——喷薄的硫黄、冒泡的泥浆、火山口、间歇泉……这座岛屿有一片色彩斑斓的土地，令摄影师们欣喜不已。

托马斯·罗杰 摄

下一跨页图 辛格韦德利断层，标志着欧洲板块和北美板块在冰岛分离。

托马斯·罗杰 摄

北极熊的春天，鲜明的
颜色对比……

上图　看到照片中前景这只熊了吗？我观察它已经整整一天了。它待在海象尸体附近，一会儿午睡，一会儿进食。第二天，一只个头更小、体重更轻的北极熊靠近，这是一只雌性北极熊。当它试图接近尸体时，雄性北极熊没有攻击它，而是像绅士一样跟随它的脚步护送它。

奥利弗·拉雷　摄

下图 我们苦苦寻找了好几天，终于遇到了这只北极熊，它躺在冻原上睡得正香。8小时过去了，它才屈尊移动……又躺在了海滩上，就在更低一点的地方。

奥利弗·拉雷 摄

跨页图 为期一个月的行程接近尾声，斯匹次卑尔根岛为我送上了一份告别礼 —— 一场与北极熊和它的幼崽的邂逅。它们站在一个覆盖着橙色地衣的悬崖上，悬崖旁边是三趾鸥的栖息地。我不懂它们为何选择站在一个看起来鸟儿似乎无法到达的地方。当我在下面的海滩上发现驯鹿尸体时才恍然大悟，原来这才是它们的目的。

奥利弗·拉雷 摄

下一跨页图 我乘坐的帆船在斯匹次卑尔根岛西海岸上经历了一场风暴之后，来到了一个小海湾，有两只海象面色安详，正在休息。

奥利弗·拉雷 摄

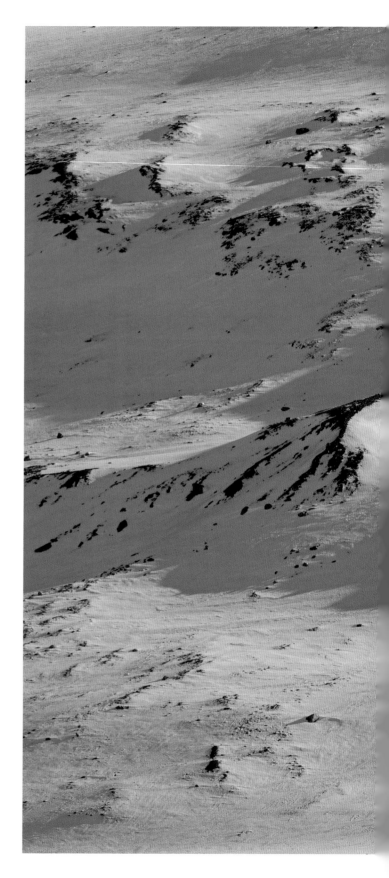

上一跨页图　初雪覆盖的斯匹次卑尔根西部风光。

　　　　奥利弗·拉雷　摄

跨页图　薄薄的雪被微风吹走，露出下面的岩石，这是我在斯匹次卑尔根特别喜欢的风景。我希望能在柔和的斜射光线下看到一只北极熊，但那天它并没有出现。那个时候我并不知道，几年后，我会在如此相似的背景下遇上这"北极之王"（下一跨页图）。

　　　　奥利弗·拉雷　摄

上一跨页图　饱睡了 12 个小时后，这只北极熊在斯匹次卑尔根 5 月的阳光下出发了。

奥利弗·拉雷　摄

跨页图　矮小、结实 —— 这两个词完美地概括了斯瓦尔巴驯鹿的特点。斯瓦尔巴驯鹿从未离开过这个群岛，而我为了拍到想要的效果花费了数年之久。慢慢地，我意识到有些驯鹿好奇心很重，只要摄影师不动、不出声，它们就会主动靠近。这只雌性驯鹿围着我转了几圈，然后又继续干正事 —— 寻找地衣。我借此机会拍下了几张照片。

奥利弗·拉雷　摄

跨页图　虽然已经拍了很多"蓝色"北极狐，但我花了多年时间才在较好的拍摄条件下观察到一只白色的北极狐。当我们在船上发现它时，它正在一块石头上平静安详地睡觉。这给了我们充足的时间上岸靠近它。从美梦中醒来后，它安静地在我们周围走来走去，并没有过多警惕。这真是一个值得纪念的时刻。

奥利弗·拉雷　摄

冰

不要让北极离我们而去……

北欧和俄罗斯西北部的原住民使用的萨米语里，用来描述冰雪的词汇十分丰富。例如，在北萨米语中，muohta 是雪的总称，jassa 指夏季或晚春的一片雪，jiehkki 的意思是冰川，而 bievla 则指一片裸露的土地 —— 在春天积雪融化时形成的。

这一系列词汇非常实用。比如在放牧期间，这些词汇可以用来精准地评估驯鹿牧场的质量或土地的实用性。例如，uohki 的意思是牧场上的冰壳层；suovdnji 指的是驯鹿为吃草而在雪地上挖的洞；fieski 是一片已经有驯鹿来吃草的雪地；moarri 用来指冰冻的雪地表面，脆硬的冰层会割断驯鹿的腿；skálvi 的意思则是一个高大、陡峭且非常紧凑的雪堆……

这种命名法表明原住民对居住环境了如指掌，他们通过如同外科手术一般精准的方式描述雪或冰的状态。由于缺乏认识会危及动物和人类的生存，所以这种命名方式在当地至关重要。虽然人们可以尝试带领驯鹿穿过 spoatna（坚硬的雪），但带着它们一起冒险进入 muovllahat（人或动物会陷入的深厚而柔软的雪）是一种很疯狂的行为。fieski 不是 moarri，冰帽不是浮冰。因为冰雪带来的误解会造成巨大危险，所以在 20 世纪 60 年代初，世界气象组织（WMO）委托专家小组建立了一套关于冰的通用的官方命名法，至今仍然沿用。

陆地冰与海洋冰

北极的冰有两种不同的起源：大陆或海洋。淹没土地并覆盖其上的冰川属于大陆冰川。根据大小，大陆冰川也被称为"冰盖"或"冰帽"。这些冰由层层累积的雪挤压形成。格陵兰冰盖底部厚达 3 千米，有 11.5 万多年前形成的冰！

上页图 杰古沙龙冰河湖非常特别，是一个神奇的摄影场地，我去过好几次。有一次我拍到了这只丑鸭 —— 冰岛最美的鸟类之一。白昼将尽，它正在冰上小憩。

托马斯·罗杰 摄

跨页图　在冰岛海岸的一天结束了。几只鸟儿在水花中嬉闹，这只白翅斑海鸽似乎和水花玩得不亦乐乎。我绕过它逆光拍下这张照片，水的动态之美和鸟的气定神闲一览无余。

托马斯·罗杰　摄

跨页图 那晚，天气十分平静，似乎一切都冻住了，我们乘坐冲锋舟在斯匹次卑尔根西部的一个小峡湾里航行。这些漂浮在水面上的冰块是鸟群的家，包括这只独自停留在冰舟上的白翅斑海鸽。当我们走近时，它开始放声高歌。

奥利弗·拉雷 摄

下一跨页图 冰岛杰古沙龙冰川前的湖泊。

托马斯·罗杰 摄

213

冰岛东南部，瓦特纳冰川的地幔延伸超过 8300 平方千米，占据该岛表面积的 8%，厚约 1000 米。20 世纪初以来，冰川不断缩小，南端形成了一个巨大的潟湖——杰古沙龙冰河湖。水以冰山的形式从冰川转至潟湖，发出忧郁哀伤而迷人的嘈杂声音——像是切割、压缩与坠落。冰盖色彩缤纷，有白色、深棕色、绿松石色和芥黄色，其中一些高达 30 米。冰盖的颜色随附近火山喷发的烟雾而变化，硫化物将冰盖染成黄色，灰烬则将它们染成黑色，让这些景观看起来宛若仙境。冰山在潟湖中转弯，努力寻找通往大海的狭窄航道。它们徘徊、漂流，最终抵达大海。然后，我们看到这些"船只"渐行渐远，仿佛它们正踏上漫长的旅程，却不知道剩下的日子屈指可数。不久后，它们的旅行将在一个黑色的沙滩画上句号。

北极燕鸥对这些巨无霸冰块的命运毫不关心，乐此不疲地在海峡中鱼群丰富的水域不断下潜，身旁有企鹅和海鸠做伴。只要食物充足，寒冷就不会吓退这些鸟儿，甚至连长得像人脸的海豹也不害怕，在冰块上玩起了捉迷藏。

斯瓦尔巴群岛位于冰岛以北 12°，60% 的表面都被这种大陆冰川覆盖。一万年前，最后一个冰河时代结束时，大陆冰川和浮冰将该群岛与德国和不列颠群岛相连。随后的冰消过程中，地壳摆脱了冰层的重量，逐渐上升了几百米，甚至超过了海平面。今天，有时会在海平面 100 米以上的地方看到古老的卵石海滩，这就是历史留下的痕迹。

早已开拓的海域

有些海滩仍然与海洋相连，海滩上捕鲸站遗迹是古代人民对北极地区财富开发的见证。与许多岛国居民一样，冰岛人首先对搁浅在海岸上的鲸类动物尸体加以开发利用。hvalreki 这个词就有"鲸鱼"和"意外收获"两个意思。

斯瓦尔巴群岛的海上狩猎始于 17 世纪初。早在 1603 年，英国、荷兰、法国、丹麦和挪威的船主就率先开始租用鲸船捕猎海象，几年后开始捕猎鲸鱼。根据第一批探险家的描述，这些水域中的鲸类动物"像鱼塘里嬉戏的鲤鱼"。在船上工作的巴斯克水手是当时公认的世界级捕鲸兼屠鲸艺术专家。

夏季捕鲸活动于 1612 年左右开始形成规模，当时的捕猎目标基本仅限于露脊鲸和弓头鲸。弓头鲸的特点是游泳速度慢，死亡后会漂浮在水面上。事实上，以当时的技术，弓头鲸是唯一可以捕杀的大型鲸类动物。它的脂肪融化后会产生一种油，可以用于制造肥皂、润滑机器、给灯提供燃料……

在简陋的木船甲板上分割鲸鱼是不现实的，所以沿海地区出现了捕鲸站并蓬勃发展。其中最大的一个捕鲸站位于斯瓦尔巴群岛西北部，可容纳200人以上。但探险的成本也很高：100条鲸鱼才抵得上一个狩猎季节的成本。17世纪30年代，在斯匹次卑尔根岛工业化前捕鲸的高峰期，在该群岛的水域中航行的捕鲸船大约有250艘。船员们每年杀死的鲸鱼多达1000头！按照这种速度，海岸线和峡湾地区的露脊鲸数量迅速下降，大量捕鲸站也被废弃。

19世纪，捕鲸业重新兴起。随着爆炸性鱼叉和蒸汽轮船的出现，人们将目标瞄准了较大的鲸类物种：抹香鲸、长须鲸和蓝鲸。这些装备的效果很强大。1905年，捕猎的高峰期，大约有800头大型鲸鱼被猎杀。第二年，捕捞量大幅下降。到第一次世界大战前夕，只有少数捕鲸船仍然活动在斯瓦尔巴水域。这里的"猎物"已经被赶尽杀绝了……

现在斯瓦尔巴群岛上鲸鱼仍然很罕见，这足以证明过去捕鲸的破坏性之大与影响之久。然而，长须鲸和蓝鲸的数量正在慢慢增加。而能够观察到露脊鲸的次数依旧屈指可数。很难相信这些身长约20米的海洋哺乳动物曾经成群结队聚集于此峡湾，成百上千，十分壮观。

跨页图 弗拉泰岛天气灰蒙蒙的，几只灰瓣蹼鹬生活在这里，它们是冰岛的珍稀鸟类。这天我运气很好，一只雄性灰瓣蹼鹬在靠近海岸的浅水中啄食水生幼虫。它突然起飞，身后溅起了几滴水。

托马斯·罗杰 摄

跨页图 一位博物学家朋友曾经告诉我，海豹们好奇心很强。我也确实很多次以亲身经历证明了这一点。某次在冰岛西部一片宽阔的沙滩上散步，我注意到几只海豹时不时浮出海面呼吸。一会儿就看到两只小家伙走近，其中一只还从水中抬起上半身，或许是为了更好地观察我。

托马斯·罗杰 摄

下一跨页图 7月14日拍摄于斯匹次卑尔根岛海湾。

奥利弗·拉雷 摄

比外表看起来更灵活

　　海象是斯瓦尔巴群岛上第一批被猎杀的海洋哺乳动物，它们为了满足人类的利益付出了沉重的代价。海象华丽的獠牙是象牙爱好者追捧的对象，而结实厚重的皮在工业时代初期被用来制作发动机皮带。由于海象的群居属性，捕猎者在几个小时内就能轻轻松松杀死数百只海象。

　　海象喜交际，常聚集在海滩或靠近海岸的流冰上。经过三个半世纪的密集捕猎，如今的斯瓦尔巴群岛每个海象群大约只有 20 个成员。雄性和雌性分别形成独立的小团体。雄性海象一般生活在斯匹次卑尔根海岸，而带着幼崽的雌性海象则喜欢前往更北的地区，最远至俄罗斯弗朗兹约瑟夫群岛。

　　海象群内部有严格的等级制度，尽管在各种角逐中等级地位会不断受到挑战。其实这种等级制度本身就依赖于不断的比试与挑战。海象首领占据了族群的中心 —— 这是最令成员们垂涎的位置，其他海象则被排挤到边缘。一些海象还负责轮流站岗，遇到危险时发出特殊的哨声，海象族群就会声势浩大地向大洋深处前进以确保安全，路上还会留下特殊的气味。

　　同一群海象每年都会回到同一片海滩，躺下舒展它们丰满的身体。这些海滩通常位于觅食地点附近，浅滩和淤泥的底部有大量砂海螂。这种生活在沉积物中的大型双壳贝类迄今为止一直都是海象最喜欢的食物。很长时间以来人们都认为海象是用獠牙捕捉砂海螂，但事实并非如此。海象首先对着砂海螂吹气，让猎物从淤泥中暴露出来，然后它们把嘴贴在壳上，用舌头反复地用力吮吸，将砂海螂肉吸出来。外表笨拙的海象干起活来干净利索，它们的胃可以容纳重达 70 千克的砂海螂，并且一个壳都没有！

下页图　斯匹次卑尔根岛西海岸的幼年海象。

奥利弗·拉雷　摄

跨页图　斯匹次卑尔根北部。我
们常认为浮冰是静止的，但其实
这是一个移动的世界。在海浪和
风的推动下，浮冰有时会迅速移
动，诸如海豹、海象和北极熊等
动物则把浮冰当作交通工具。

奥利弗·拉雷　摄

上图 这张照片拍摄于7月，斯匹次卑尔根岛以北几海里处的浮冰残余。我们很清楚浮冰的存在，它们向着缭绕的薄雾启航。在北极干燥的空气中，这些海冰不会经历液体状态，而是直接升华。

奥利弗·拉雷 摄

在北极所有鳍脚类动物中，港海豹对冰冻的海面的适应能力最差。因此，聚集着1000多只港海豹的斯瓦尔巴群岛西部是港海豹在地球上能够生活的最北的区域。同时，海冰是该地区的其他四类常客的首选栖息地：海象、髯海豹、竖琴海豹和环斑小头海豹。

环斑小头海豹最喜欢的栖息地是大块浮冰，虽然它们的近亲髯海豹和竖琴海豹更喜欢分割成小块的流冰。环斑小头海豹可以一整年都待在厚实且巨大的海岸浮冰上。它们用爪状前鳍抓挠冰面，凿开一个洞，捕食北极鳕鱼及其他鱼类和甲壳类动物。环斑小头海豹只在斯瓦尔巴群岛活动，在冰冻的峡湾中过冬。冰层融化时，一部分海豹到达冰川前沿，另一部分则转向海洋，仍然待在浮冰的边缘。

冰上生活

北极冬季的卫星图像上，海洋表面的巨大白色浮冰看起来是静止不动的。然而事实并非如此。在风和水流的作用下，冰层不断破碎、漂移和重组。浮冰也随着季节的变化而变化，从秋季开始生长到春季迎来解冻。

只有以地理北极为中心的区域的浮冰才不会融化，包括格陵兰岛北部和加拿大北极群岛。此地区浮冰由连续的几层组成，其中时间最久的冰层已经超过 10 年。这种冰层通常被称为永久冰，不过这一术语在今天的北极已经没有任何意义了。1985 年时，16% 的海冰冰龄超过 4 年；30 年后这一比例已降至 1.2%；今天，一年冰龄的海冰占北极海冰总量的 78% 以上，而 20 世纪 80 年代仅占 55%。这种改变是不可逆的，可能 2050 年时夏季再无海冰。地球已经有 500 万年没有经历过这样的情况了。

下图　6 月，依旧寒冷。我们从斯匹次卑尔根西部的峡湾乘船出游。像这些厚嘴崖海鸦一样，已经返回筑巢的海鸟在"冰筏"上休息。

奥利弗·拉雷　摄

跨页图　5月，髯海豹并不是斯瓦尔巴群岛上的稀客。我坐在冲锋舟上，慢慢靠近这两只正在小海湾中一块残留浮冰上休息的海豹。这里没有北极熊，它们可以高枕无忧。海豹妈妈洗澡、午睡，小海豹就待在母亲身边打了几个小时的盹。

奥利弗·拉雷　摄

下一跨页图　冰岛西北部浮冰上的碎冰特写。

奥利弗·拉雷　摄

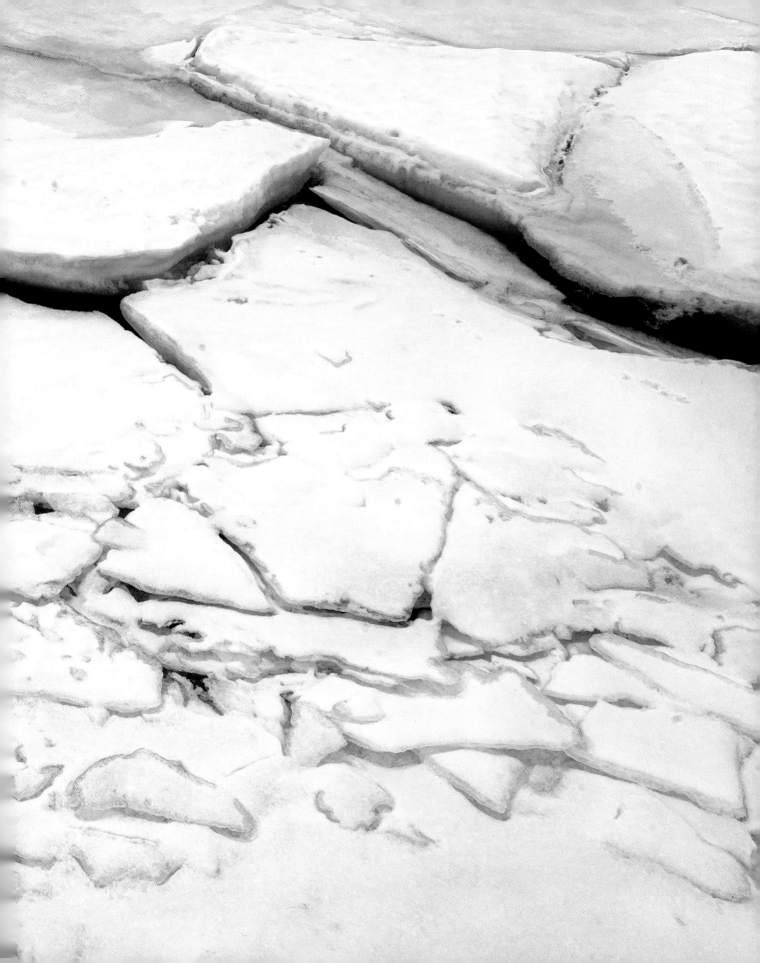

跨页图　杰古沙龙冰河湖是自然摄影师的绝佳去处：绝妙的风景，丰富的动物种群……那天，我想与这只冰上的冰岛鸥幼鸟一起待一会儿。蓝色的光线反射在它的羽毛上，整个场景沉浸在一种几乎不真实的氛围中。

托马斯·罗杰　摄

跨页图　与漂浮在格陵兰岛周围的冰山相比，在斯瓦尔巴群岛的冰山要小得多，因为冰盖要薄很多。这是我见过的最大的一个，约20米高，呈现出美丽的蓝色，风和海水将它雕琢成如此奇异的形状。

奥利弗·拉雷　摄

下一跨页图　斯匹次卑尔根西部冰川前沿附近的景观。

奥利弗·拉雷　摄

感受浮冰脉搏的跳动

地球气候受浮冰周期性变化的调节。冰层冻结时有大量盐分析出，这就是为什么融化的冰川水可以饮用。新形成的冰层之下的水层含盐量比深海处更高，密度也更大。这层水会流动但不与其他水层融合，而且会影响其他水层移动。所以说，海冰的形成是海洋循环的引擎，保证溶解在海水中的热量和营养物质能够流向全世界所有海洋。

上页图 我可以把一整本书都用来介绍北极的冰，它们的颜色是那么丰富多彩……这张照片的近景处可以看到金属反射的图案，这是冰川前沿水雾形成的。

奥利弗·拉雷 摄

上图 我特别喜欢背光拍摄的冰的照片。可以看到太阳光在冰晶上形成的不同程度的蓝色，色调变化精致细腻，冰的厚度和密度决定了每一抹蓝的深浅。

奥利弗·拉雷 摄

　　浮冰是极地生态系统动力组成的关键部分，均匀的外表之下隐藏着复杂的微观结构，是病毒、细菌和原生动物的社会家园，也是构成浮游动植物的微生物的避难所。硅藻作为为数不多的适应冰下生活的物种占据着主要位置。它们可以在极昼时利用微弱的光线，在极夜时进入休眠状态。这些北极藻类富含脂质，是冰下所有动物的食物来源。钩虾科、磷虾亚目（包括著名的磷虾）和桡足类也以之为食。同时，这些体长不到 2 厘米的小型甲壳类动物又是弓头鲸这类海洋巨兽或是北极鳕鱼的盘中餐。作为地球上最北端的鱼类之一，北极鳕鱼在 -2℃（海水冰点温度）的水域中仍然可以生存。这种"特异功能"得益于其血液中的一种起到防冻作用的蛋白质。北极鳕鱼是北极生态系统中的重要组成部分，在不同的发育阶段是许多海鸟比如厚嘴崖海鸦猎食的对象。它们也逃不过一角鲸、白鲸、环斑小头海豹等的追捕。

随着气候变暖和冰层缩小，生活在北极的物种不得不面临来自温带地区物种的竞争。生活在冰下的小型甲壳类动物正逐渐被体积更小、脂肪含量更少的近亲物种取代，而以这种小型甲壳类动物为食的侏海雀为了维持自身的能量需求，不得不延长潜水捕食的时间，才能捕获更多猎物。在鱼类中，北极鳕鱼正逐步被玉筋鱼和柳叶鱼取代，肉食动物只得改变饮食习惯——这就是斯瓦尔巴群岛的厚嘴崖海鸦的现状。尽管它们仍是当地数量最多的海鸟，但在过去 10 年中它们的数量减少了 30％。至于虎鲸，正一路向北迁移，威胁到了一角鲸和白鲸。迄今为止，从未有过任何物种挑战北极熊的统治权威，然而这些新出现在北极生态系统的超级捕食者正在宣告北极熊统治时代的终结。

下图　我经常看到鸟儿在冰川或大冰山前沿捕鱼，就像这只北极燕鸥。这些冰山融化后，局部水域营养物质含量增加，促进浮游生物及食物链中其他环节生物的生长发育。此外，落入水中的碎裂的冰块会将小型猎物击晕，更方便了捕食者们。

奥利弗·拉雷　摄

上图　虽然我在斯匹次卑尔根多次遇上髯海豹，但是这种戴着"红色面具"的实属罕见。这可能是由于此类物种特殊的觅食模式——有时在海底、有时在富含氧化铁的区域搜索无脊椎动物。

奥利弗·拉雷　摄

北极熊 —— 北极之王

　　体重达 500 千克的北极熊身披洁白无瑕的皮毛，迈着大摇大摆的步伐，行走在冰与海之间。夏季是猎食淡季，青黄不接的时候它们只能在永久浮冰上徘徊踱步。北极熊生活的地方在深海之上，地处远北且远离海岸，和大陆架相比这里食物匮乏，所以它们吃得也更少。北极熊也可以在陆地上等待海冰重塑。早春是丰收季，雌性环斑小头海豹从小丘上的积雪中挖出一个临时的窝（这些凸起的小丘是冰盖压缩形成的），并在这里产下幼崽。北极熊发现这样的冰屋后就会躺在上面，将全身的重量压在雪搭成的屋顶上，直到将冰屋压垮。紧接着一头冲过去抓住海豹宝宝，更好的情况是它能抓到海豹母亲。但猎物十有八九会从提前挖好的洞中逃到海里。北极熊有时还会瞄准躺在冰上打盹的海豹，迈着静悄悄的步子前进，打它一个措手不及。还有些时候，北极熊可以一动不动地等上几个小时 —— 等着海豹从洞中探出头来换气，一圈圈的涟漪提示猎物马上就要浮出水面，北极熊准备好利爪在海豹露出鼻子呼吸时给它重重一击。海豹被击晕，然后被北极熊拖到冰上吃掉。等"北极尊主"享用完美餐后，海鸟和北极狐则会前来清理残羹剩饭。

海象也是北极熊的猎物之一。但是考虑到海象的体型和獠牙，捕猎海象的行动还是具有一定风险的，除非是北极熊的偷袭造成海象群内部自己乱了阵脚，这时年幼、生病或年老的海象就很容易落入熊掌。

在另一些更罕见的情况下，北极熊捕食冰间湖 [1] 的一角鲸或白鲸。这些位于浮冰中心的开阔水域是真正的"绿洲"。洒落于此的光线有利于浮游生物的生长，也吸引到食物链上其他环节的生物 —— 从海鸟到鱼类和各种大小的鲸类。由于不断吹动冰层的风和海洋暖流的影响，一些冰间湖可以持续存在一整个冬天。另一些则会逐渐缩小，最终消失，成为水下的海洋哺乳动物的陷阱。

上页图　我在斯匹次卑尔根的行程即将结束。最后一个镜头给这只北极熊：它安详地在一小块冰上打盹，看起来很开心。

　　　　　　奥利弗·拉雷　摄

下图　我们一连几个小时都在追踪这只北极熊，它正沿着一个岩石岛的海岸寻找食物。它从一个岩壁脚下潜入水中，很快又上岸，并打了个响鼻，正好给了我一个绝佳的拍照机会。

　　　　　　奥利弗·拉雷　摄

_____

① 　冰间湖：也称"海冰穴"，指达到结冰温度但仍长期或较长时间保持无冰或仅被薄冰覆盖的冰间开水域。

跨页图 北极熊是海洋哺乳动物，潜水和闭气几十秒对它们来说完全不是问题，就像这张照片里呈现的一样。

奥利弗·拉雷 摄

跨页图 5月，在一个仍然冰封的峡湾里，我们全天跟着这只熊。它非常活跃，非常努力地捕捉海豹——缓行、冲刺、潜水、爬高以及趁它们午睡时搞偷袭……但都徒劳无获。一天下来，它疲惫不堪地睡着了。

奥利弗·拉雷 摄

只有在从 3 月到 5 月的求偶季，北极熊才有可能会接触异性。此外，如果北极熊妈妈带着两岁以下的幼崽，那么一定会小心地避开威胁宝宝安全的雄性北极熊。发情期的雄性北极熊一旦发现雌性目标，就会日复一日地跟随并尝试接近它，有时甚至长达数周，直到雌性北极熊同意交配 —— 即使这意味着同性斗争。

交配成功后，雌性北极熊必须大量觅食。由于哺乳期间禁食，雌性北极熊必须在从春末到夏末秋初进入洞穴前的这段时间大量进食，储存 100~200 千克的脂肪，否则它们可能无法完成妊娠，甚至熬不过数月之久的禁 食期。怀孕的北极熊通常在厚厚的积雪下挖掘一个洞穴。虽然它们在春天就已完成交配，但受精卵直到 9 月中旬才会在它们的子宫内着床，这时它们才进入巢穴。

北极熊的冰屋是由雪或冰冻泥炭组成的，温度适中，北极熊宝宝就在这里出生。通常情况下一胎产 2 只，1 只、3 只或 4 只的情况比较少。每只幼崽体重在 600 克左右，身上覆盖着一层细密的几乎看不到的绒毛。这层绒毛和成年北极熊一样是透明的，而非白色的。与母亲不同的是，刚出生的北极熊皮肤是粉红色的。从第 6 个月开始它们的皮肤颜色逐渐加深，并且开始有保温功能。

雌性北极熊在洞穴中度过的 6 个月左右的时间里完全不进食，但为了保持巢穴的清洁，它们会食用幼崽的粪便。北极熊的乳汁是所有陆地哺乳动物中营养最丰富的，幼崽离开巢穴时体重将达到 10~15 千克。冬末某个阳光灿烂的日子，幼崽们将会迎来第一次出洞。雌性北极熊会在幼崽出洞前的两三天前打破洞穴的屋顶。在一段几乎不怎么活动的漫长时间后，小熊崽终于笨手笨脚地向外伸出了冒险的小爪子。之后两个星期里，小北极熊们会在洞穴和外面来回活动，在母亲的注视下快乐玩耍。

当它们足够强大时，北极熊一家就会离开冰屋。如果这种家庭关系不被打断，母亲和孩子们会在一起待两年半的时间。

上页图　我们观察了这只在水边徘徊的北极熊 1 个小时。它很平静，海面油光发亮。平缓的水流推着我们前进到离它 50 米以内，可以清楚地观察到它的肌肉组织和腿部结构。

奥利弗·拉雷　摄

跨页图　我们乘坐冲锋舟在一个小峡湾里前进，观察一只在冰块之间活动的北极熊。它在试图接近海豹后爬到一块冰上，把从水中扯下的大团海草高高举起然后反复抛向空中，之后它便打起盹来。也许由于捕猎失败，北极熊通过这个游戏来发泄情绪？

奥利弗·拉雷　摄

捕食条件不利时，北极熊会使出最厉害的技能之一：停止进食，并放慢新陈代谢。禁食期可以持续数天甚至数月，此期间北极熊利用自身的脂肪储备满足能量需求。在这种"假越冬"状态下，北极熊可以休眠或保持相对活跃的状态，行走、游泳、捕猎，直到最终新陈代谢恢复正常。

在夏季休整期，北极熊可以每天沿着浮冰的边缘行走数十千米。它们在水中也非常自如，比如曾有一只雌性北极熊——它被隔离在一块漂流的浮冰上，连续不断游了 9 天才回到陆地上。这段旅程中，它穿越了 687 千米，体重减轻了 22%。然而，尽管北极熊能够进行长距离跋涉，它们却并没有与其他同类进行基因交流。因此，全世界只有 19 个北极熊亚群。

下图 斯匹次卑尔根岛西北部的一个岛屿上生活着一小群普通海豹，它们的活动范围可能是欧洲最北端。它们喜欢待在退潮时露出的岩石上，而非冰面。如果不是出于对前来拜访的两栖动物的好奇，海豹岩石色的毛皮可以很好地与背景融为一体。

奥利弗·拉雷 摄

上图 我很少像这样在冰川附近看到海象。大多数情况下，它们更喜欢在沙滩、鹅卵石海滩或者漂浮的流冰上休息。

奥利弗·拉雷 摄

下一跨页图 斯匹次卑尔根以西的沿海风光。

奥利弗·拉雷 摄

北极熊 —— 一种象征

随着海冰不断缩小，北极熊正在逐渐失去栖息地。这就是为什么很多自然保护组织把北极熊作为应对气候变化或生物多样性锐减的标志。世界自然保护联盟的北极熊专家组 2016 年发布的情况说明比较具有权威性，结论却十分堪忧。19 个北极熊亚群中，1 个数量在减少，7 个数量维持稳定，2 个在增加，剩下的 9 个评估效果不佳，暂无法确定数量变化的趋势。尽管北极熊知名度很高，但是人类对它仍然知之甚少，可能是因为人类难以进入北极熊的栖息地。一个更意外的发现是，2 个不断扩大的亚群表明北极熊数量分布与海冰减少并不完全相关。

上一跨页图 2019年5月在斯匹次卑尔根岛的旅行中，我很多次观察到了北极狐。这样从远处拍摄北极狐可以凸显出巨大的冰川前沿。

奥利弗·拉雷 摄

上图 淡水海冰的细节。

奥利弗·拉雷 摄

巴伦支海的北极熊亚群大多在斯瓦尔巴德岛繁殖，其数量演变趋势令人倍感意外。它们居住的地区是近年来北极地区海冰减少最严重的地区。因此，怀孕的雌性北极熊必须通过游泳——有时甚至要游几百千米——才能到达陆地上的洞穴。待在洞穴内的时间也比其他亚群少2~3个月。尽管如此，根据最新的统计，巴伦支海的北极熊亚群出生数量和幼崽存活率并没有任何变化。北极熊专家组对此持相对谨慎的态度，认为缺乏数据难以下定论；而挪威极地研究所则给出明确结论：近40年来，巴伦支海的北极熊亚群数量一直在增长。

历史上的过度狩猎或许可以解释这种看起来自相矛盾的

情况。1870 年到 1970 年左右，每年有 300 只巴伦支海北极熊被杀，总数量达 3 万只。因此，1973 年出台北极熊保护法时，这一亚群所剩数量极少。今天，尽管生态系统在恶化，但是仍有 1800~2000 只北极熊未达到生态系统的最大承载能力。此外，有些生活在斯瓦尔巴的北极熊会捕食一些以前被它们忽略掉的猎物，如绒鸭和绒鸭蛋，或是捕食一些经常出现的新物种。比如人类首次观察到巴伦支海北极熊吃白喙海豚 —— 一种温带水域的物种，之前从未出现在挪威群岛。而在北美，棕熊和北极熊的活动领地有所重叠，还出现过一些它们杂交的情况。其后代 —— 灰北极熊具备生殖能力，这表明北极熊可能会进化，尽管目前这些杂交熊仍只是传闻。

上图　在英吉利海峡的褐色悬崖上，三趾鸥看上去是雪白的。但当它们栖息在这座蓝色的冰山之上时，看起来又几乎是黑色的。

奥利弗·拉雷　摄

上图 两座黑色山脉位于蓝色的冰舌① 两侧，顶部是一个较小的锥体。此处位于斯匹次卑尔根西北部，这个峡湾的景观呈现出一种惊人的对称之美。

奥利弗·拉雷 摄

下一跨页图 斯匹次卑尔根冰舌的细节特写。

奥利弗·拉雷 摄

———————
① 冰舌：冰川外沿探入海水的长窄条状冰，一般由冰川上的冰沿着地表或冰面向雪线以下移动而形成。

抛开数量问题，北极熊的健康问题更加令人担忧。北极熊的未来仍然充满危险和未知，不仅在于冰川融化，还有环境污染。像北极所有的食肉动物一样，北极熊的饮食中含有大量的脂肪，因而体内积累了一些保留在脂肪中的化学分子，如持久性有机污染物（POPs）。通过身体组织测得的污染物含量很高，有些甚至会导致神经系统问题或生育能力下降。

北极熊体格庞大且为人们熟知，因而受到了较多关注，但在它们身后还有更多被忽视的短期内面临威胁的物种。例如在加拿大，在小岛、浮冰边缘的悬崖甚至是冰面上筑巢的白鸥就已经灭绝。生活在阿拉斯加北部和西伯利亚东部沿海地区的太平洋海象也在减少。与北极熊相比，这些物种值得更多关注，值得作为所有处于危险之中的北极动物的象征。

下图　冰川前沿底部的这块冰可能已经有 1000 多年的历史。时间在它身上留下的痕迹值得一张胶片。

　　　　　　奥利弗·拉雷　摄

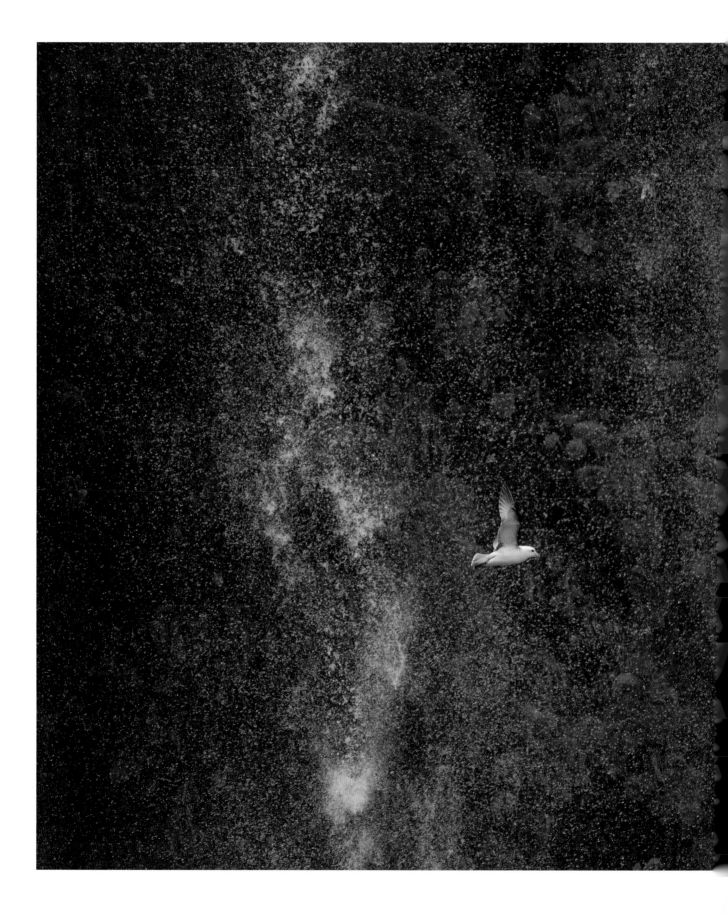

跨页图 瀑布在冰岛并不罕见，
但我等了很久才拍下这张暴风鹱
在薄雾和苔藓中的照片。它完美
地融入了背景。

　　　　　奥利弗·拉雷　摄

267

跨页图　5月初，我开始了在斯匹次卑尔根的旅途。雾多，能见度很低，我只能看到几只离船很近的暴风鹱。

奥利弗·拉雷　摄

跨页图　一个阳光明媚的日子，我对面是拉特拉尔角悬崖，一切都那么生机勃勃。成群的海鸟环绕着起伏的高地前进，歌声回荡在悬崖峭壁之间。我凝视着眼前延伸的岩壁，一层薄雾笼罩着我们。我在一种特殊的氛围中拍下了这张照片。

托马斯·罗杰　摄

下一跨页图　游客们沿着斯匹次卑尔根岛马德琳湾行进，成群的侏海雀向他们表示欢迎。

奥利弗·拉雷　摄

271

致谢

Remerciements

这本书的出版凝聚了很多人的心血。在此我们要感谢 Maxime Briola，他为这本书付出了很多精力，感谢 Anne Le Meur，感谢他的提议和对我们的信任。同时还要感谢 Rémy Charamond、Pia Setälä、Nora Klami、Bernard Audrezet、Stéphanie 和 Rhodolphe Thévenot 的大力支持。

物种一览表

Table des espèces citées

（加粗页码对应物种照片）

哺乳动物

白鲸 (Delphinapterus leucas) 2, 3, 241, 242, 245

白鼬 (Mustela erminea) **68**, 69, 111

北极狐 (Vulpes lagopus) 3, 141, **167, 168–169,
170**, 171, **172–173, 204–205**, 245, **258–259,**
260

北极兔 (Lepus arcticus) 68

北极熊 (Ursus maritimus) 2, 3, 171, **188,** 189, **190,
191, 192–193**, 198, **200–201,** 202, 226, 231,
242, **244, 245, 246–247, 248–249, 250,** 251,
252–253, 254, 255, 260, 261, 262

长须鲸 (Balaenoptera physalus) 217

赤狐 (Vulpes vulpes) 40

貂熊 (Gulo gulo) 39, 40, **41,** 46, 54, 61, **110–111,**
118, 126

港海豹 (Phoca vitulina) 228

弓头鲸 (Balaena mysticetus) 2, 216, 241

海象 (Odobenus rosmarus) 2, 190, 192, **194–195,**
216, 224, **225,** 226, 228, 245, **255,** 262

虎鲸 (Orcinus orca) 242

环斑小头海豹 (Pusa hispida) 2, 77, **78–79,** 228, 241,
244

蓝鲸 (Balaenoptera musculus) 217

狼 (Canis lupus) 2, 26, 28, 34, 39, 40, 46, 75, 98,
104, **105, 106–107,** 122, 175

露脊鲸 (Eubalaena glacialis) 216, 217

旅鼠 (Lemmus lemmus) 19, 68, 137, 176

抹香鲸 (Physeter macrocephalus) 217

髯海豹 (Erignathus barbatus) 228, **230–231, 243**

塞马湖环斑海豹 (Pusa hispida saimensis) 77, 80

猞猁 (Lynx lynx) 40, 46, 75, 126

竖琴海豹 (Pagophilus groenlandicus) 228

水獭 (Lutra lutra) **64,** 65, 66

斯瓦尔巴驯鹿 (Rangifer tarandus platyrhynchus)
143, 175, **202–203**

驼鹿 (Alces alces) 17, 28, **29, 30–31,** 32, 34, 40

雪兔 (Lepus timidus) 17, 68

驯鹿 (Rangifer tarandus) 17, 40, 46, 133, 149,
166, 175, 176, **180–181,** 192, 209

棕熊 (Ursus arctos) 2, 17, **36–37, 74, 75,** 76, 77,
118, **119, 120–121,** 122, **123,** 261

一角鲸 (Monodon monoceros) 241, 242, 245

鸟类

白背啄木鸟 (Dendrocopos leucotos) 61

白翅斑海鸽 (Cepphus grylle) **210–211, 212–213**

白鹡鸰 (Motacilla alba) **66**

白尾海雕 (Haliaeetus albicilla) 40, 46, **47**

白腰朱顶雀 (Acanthis flammea) **33**

暴风鹱 (Fulmarus glacialis) 160, **266–267, 268–
269**

北极海鹦 (Fratercula arctica) **160,** 161, **162–163,**
167, 176

北极燕鸥 (Sterna paradisaea) **148,** 154, **155,** 167,
176, **177,** 216, **242**

北噪鸦 (Perisoreus infaustus) 6, **7**

冰岛鸥 (Larus glaucoides) **234–235**

苍鹰 (Accipiter gentilis) **38,** 39, 112

长尾林鸮 (Strix uralensis) **22–23, 24–25,** 112, **113**

丑鸭 (Histrionicus histrionicus) **208,** 209

大斑啄木鸟 (Dendrocopos major) **61**

大天鹅 (Cygnus cygnus) **70–71, 98, 99, 132,** 133

大贼鸥 (Stercorarius skua) 160, **166,** 167

刀嘴海雀 (Alca torda) **164–165,** 176

渡鸦 (Corvus corax) 26, **27,** 28

翻石鹬 (Arenaria interpres) **151,**167

凤头潜鸭 (Aythya fuligula) **94**

凤头山雀 (Lophophanes cristatus) 50, **51**

河乌 (Cinclus cinclus) 11, 66, **67**

褐头山雀 (Poecile montanus) **32**

黑腹滨鹬 (Calidris alpina) **154**

黑颈鸊鷉 (Podiceps nigricollis) **150**

黑琴鸡 (Lyrurus tetrix) **44,** 57, 112, 126

黑啄木鸟 (Dryocopus martius) **60,** 61

黑嘴松鸡 (Tetrao urogalloides) 112

红腹滨鹬 (Calidris canutus) 151

红喉潜鸟 (Gavia stellata) **136,** 137, **156–157**

厚嘴崖海鸦 (Uria lomvia) **229,** 241, 242

花尾榛鸡 (Bonasa bonasia) 54, 112

灰瓣蹼鹬 (Phalaropus fulicarius) **149, 218–219**

灰鹤 (Grus grus) **96–97,** 98, 104

金雕 (Aquila chrysaetos) 40, 46, **48,** 49, 60

蛎鹬 (Haematopus ostralegus) 151, **152–153**

林鹬 (Tringa glareola) **66**

柳雷鸟 (Lagopus lagopus) **72–73,** 133, **138–139**

欧绒鸭 (Somateria mollissima) 170, **171**

欧亚金鸻 (Pluvialis apricaria) 144, **146–147**

普通秋沙鸭 (Mergus merganser) **92–93**

青脚鹬 (Tringa nebularia) **66**

鹊鸭 (Bucephala clangula) **80, 81,** 94, **95, 124, 125**

三趾鸥 (Rissatridactyla) 167, 176, 192, **261**

三趾鹬 (Calidris alba) **158–159**

三趾啄木鸟 (Picoidestridactylus) 61

松鸡 (Tetrao urogallus) 40, 54, **55, 56,** 57, **59,** 88, **90, 91, 104,** 105, 112, 114, **116–117,** 126

太平鸟 (Bombycilla garrulus) 26

乌林鸮 (Strix nebulosa) **18,** 19, **20–21,** 26, 40, **42–43, 45, 58,** 112, **114–115,** 118

西红角鸮 (Otus scops) 19

雪鹀 (Plectrophenax nivalis) **52–53**

岩雷鸟 (Lagopus muta) **69**

鹰鸮 (Surnia ulula) 19, 112

侏海雀 (Alle alle) **161,** 166, **167,** 242, 271, **272–273**

纵纹腹小鸮 (Athene noctua) 19

出 品 人：许 永
出版统筹：林园林
责任编辑：陈泽洪
　　　　　唐 芸
　　　　　吴福顺
封面设计：海 云
内文制作：宋 杰
印制总监：蒋 波
发行总监：田峰峥

发　　行：北京创美汇品图书有限公司
发行热线：010-59799930
投稿信箱：cmsdbj@163.com

创美工厂
官方微博

创美工厂
微信公众号

小美读书会
公众号

小美读书会
读者群